青少年科普图书馆

世界科普巨匠经典译丛·第六辑

越玩越开窍的数学游戏大观（上）

陈怀书 原著　杨禾 改编

上海科学普及出版社

图书在版编目（CIP）数据

越玩越开窍的数学游戏大观．上 / 陈怀书原著；杨禾改编．— 上海：上海科学普及出版社，2015.1（2021.11 重印）

（世界科普巨匠经典译丛·第六辑）

ISBN 978-7-5427-5966-5

Ⅰ．①越… Ⅱ．①陈… ②杨… Ⅲ．①数学－普及读物Ⅳ．① G898.2

中国版本图书馆 CIP 数据核字 (2013) 第 289607 号

责任编辑：李　蕾

世界科普巨匠经典译丛·第六辑

越玩越开窍的数学游戏大观 ㊤

陈怀书 原著　杨禾 改编

上海科学普及出版社出版发行

（上海中山北路 832 号 邮编 200070）

http://www.pspsh.com

各地新华书店经销　三河市金泰源印务有限公司印刷

开本 787×1092　1/12　印张 14.5　字数 176 000

2015 年 1 月第 1 版　2021 年 11 月第 3 次印刷

ISBN 978-7-5427-5966-5　定价：32.80 元

目录
CONTENTS

第一章　数字奇观　001

001 不可思议的数（1）002
002 不可思议的数（2）002
003 数字奇观（1）....002
004 数字奇观（2）...003
005 数字奇观（3）...006
006 数字奇观（4）...007
007 数字奇观（5）...008
008 数字奇观（6）...008
009 数字奇观（7）...008
010 数字奇观（8）....009
011 数字奇观（9）.....009
012 括号奇观..............009
013 巧组数字...............011
014 奇数偶数之和........011
015 九数成三...............011
016 九数分两组...........012
017 十个数字...............012
018 数字乘法..................012
019 奇怪乘法..................013
020 数字奇观（10）......013
021 数字除法..................013
022 百数谜题..................014
023 复杂分数..................014
024 和成百数..................015
025 数字奇观（11）......015
026 数字奇观（12）......016
027 数字奇观（13）......016
028 数字奇观（14）......017
029 九数循环..................017
030 平方数的奇观..........017
031 数字奇观（15）......018
032 指数变形..................018
033 数字奇观（16）......018
034 数字奇观（17）......019
035 数字奇观（18）......020

036 数字奇观（19）.....020
037 数字奇观（20）.....021
038 四四呈奇.................021
039 五五呈奇.................022
040 乘算奇观（1）......022
041 叠加数字.................022
042 对数奇观.................023
043 乘算奇观（2）.....023
044 奇异的数.................024
045 数字成方.................024
046 一数分两数...........024
047 汽车牌号.................025
048 记录牌号.................025
049 一桶啤酒.................025
050 抽屉趣题.................026
051 数环相乘法............027
052 四个立方体............027
053 九个酒桶.................028
054 排数成环.................028
055 奇特的算法............029
056 渔翁妙语.................029
057 新奇加法.................029
058 巧分十一.................030
059 巧分十八.................030
060 奇妙算法.................030

第二章 金钱趣题 031

061 奇法济贫.............032
062 破天荒的分金法..032
063 慈善的富翁.........032
064 遗产分配.............033
065 五子分金.............033
066 奇妙的储金.........034
067 九个储蓄罐.........034
068 卖牲口.................034
069 牲口交易.............035
070 买橘子.................035
071 卖蛋奇语.............036
072 杂货商与布商......036
073 大小橘子.............036
074 三种蛋.................037
075 不擅经商的农夫..037
076 电机损益.............038
077 极大与极小.........038
078 英国货币.............038
079 有趣的英国货币..039
080 镑与先令.............039
081 英币怪数.............040
082 兑换美金.............040
083 六便士...................041
084 邮票趣题.............041

085 过桥税....................042

086 计算储金...............042

087 钱的妙算................042

088 骗　表....................043

089 饮　酒....................043

090 各有多少钱...........044

091 猜　钱....................044

092 赌猜拳....................045

093 马车载客................045

094 用钱占卜...............045

095 积与积相等............046

第三章 时间趣题 047

096 表和闹钟.............048

097 猜时间..................048

098 双针一线.............049

099 秒针奇遇.............049

100 时间趣题..............049

101 两针换位...............050

102 两针相遇...............050

103 三时针..................050

104 表的快慢...............051

105 现在何时..............051

106 时刻妙算...............051

107 日期妙答..............052

108 奇妙钟面..................052

第四章 速度与路程 053

109 一篮橘子.............054

110 武士救友..............054

111 平均速度...............055

112 两车速度..............055

113 三村距离..............055

114 登山速度..............056

115 车费几何..............056

116 乘车后到..............057

117 自行车赛..............057

118 乘车竞赛..............058

第五章 年龄趣题 059

119 丢潘都的寿命.......060

120 猜年龄（1）.........060

121 猜 年 龄（2）.......060

122 猜年龄（3）..........061

123 猜年龄（4）..........061

124 未来的寿命..........063

125 三童分苹果..........064

126 儿童妙语..............065

127 八口之家..............065

128 母亲年龄..............065

129 夫妻年龄..............066

130 结婚时的年龄........066
131 兄弟的年龄 067
132 姐妹的年龄............067
133 年龄妙算................067
134 聪明的长子 068
135 狗的年龄................068

第六章 度量衡趣题 069

136 测算体重 070
137 巧称兽重...............070
138 分牛肉罐头 071
139 巧用砝码 071
140 愚农称草 071
141 琵琶桶的争论.......072
142 调和酒水...............072
143 西医疑问 072
144 水与酒 073
145 牛奶趣题 073
146 取酒奇算..............074
147 取　酒..................074
148 巧妇分米..............075
149 酋长分马..............075
150 巧分鸡蛋 076
151 分　酒 076
152 方　箱...................076

第七章 火柴趣题 077

153 火柴趣题（1） 078
154 火柴趣题（2） 078
155 火柴趣题（3） 078
156 火柴趣题（4） 079
157 火柴趣题（5） 079
158 火柴趣题（6） 079
159 火柴趣题（7） 080
160 火柴趣题（8） 080
161 火柴趣题（9） 080
162 火柴趣题（10） 081
163 火柴趣题（11） 081
164 火柴趣题（12） ...082
165 火柴趣题（13） ...082

第八章 魔幻方阵 083

166 奇异纸条 084
167 移转数字成方阵 ..084
168 奇次幻方的造法 ..085
169 四四方方阵的新研究...................085
170 同心方阵 090
171 等距幻方 092
172 质数幻方...............093
173 九篮梅子...............094

174 合数幻方 094
175T 形幻方 095
176 纸牌幻方 095
177 二度幻方 096
178 斯奇幻方 096
179 新幻方 097
180 加、减、乘、除幻方 097
181 等积幻方 099
182 奇妙的五边形 103
183 奇妙的多角形 104
184 奇妙的弧三角形 105
185 奇妙的星形 105
186 数字奇观 106
187 奇妙的六边形 106
188 魔性线束 107
189 魔　圆 107
190 古圆阵 108
191 八犯被赦 111
192 武士游行 111
193 九犯被赦 112
194 西班牙黑牢 112
195 西伯利亚黑牢 113
196 奇异的 8 114
197 不可思议的正方形 114
198 英币排成幻方 115
199 排兵布阵 115

参考答案　116

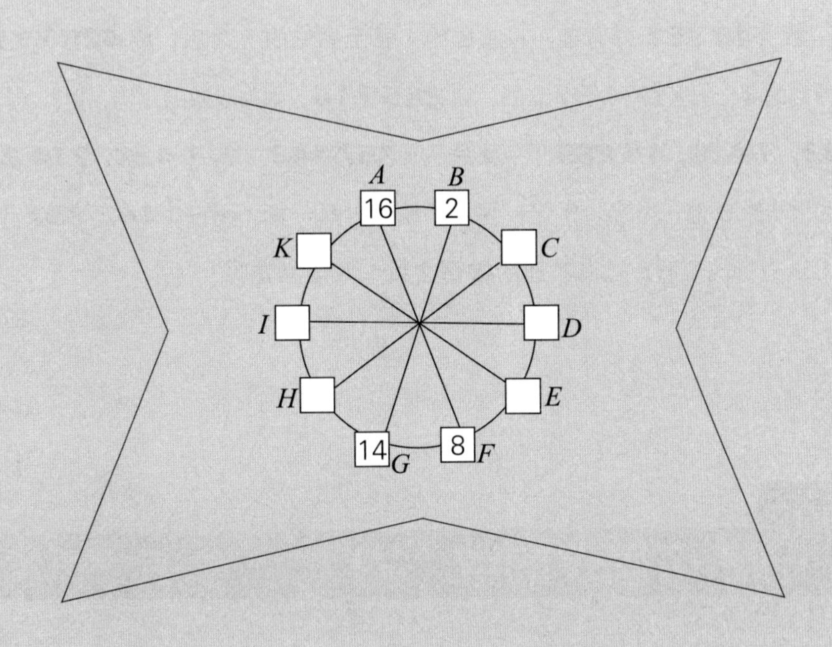

第一章

数字奇观

001 不可思议的数（1）

数 **142 857** 很有趣，将首位的 1 移至尾位的 7 之后，成 **428 571**，则为原数的 3 倍；若移 14 于 7 之后，成 **285 714**，则为原数的 2 倍；以此类推，移 **142，1 428，14 285** 于 7 之后，成 **857 142，571 428，714 285**，则为原数的 6 倍，4 倍，5 倍；读者不妨亲自算一算。不过，**142 857** 不仅仅有上述奇特的性质，还有其他的**神奇之处**，读者知道吗？

002 不可思议的数（2）

如上题所述，**142 857** 具有特殊的性质，其他数是否也有此性质？

142 857

003 数字奇观（1）

下列算式虽然简单，然而计算后你会大吃一惊，试一试。

37 037 037 用 **18** 来乘或用 **27** 来乘会怎样？

1 371 742 用 9 来乘或用 81 来乘会怎样？

98 765 432 用 9 来乘或用 $\frac{9}{8}$ 来乘会怎样？

004 数字奇观（2）

甲

1×9+2=11

12×9+3=111

123×9+4=1 111

12 34×9+5=11 111

12 345×9+6=111 111

123 456×9+7=1 111 111

1 234 567×9+8=11 111 111

12 345 678×9+9=111 111 111

123 456 789×9+10=1 111 111 111

乙

1×8+1=9

12×8+2=98

123×8+3=987

1 234×8+4=9 876

12 345×8+5=98 765

123 456×8+6=987 654

1 234 567×8+7=9 876 543

$12\ 345\ 678\times8+8=98\ 765\ 432$

$1\ 234\ 567\ 89\times8+9=987\ 654\ 321$

丙

$9\times9+7=88$

$98\times9+6=888$

$987\times9+5=8\ 888$

$9\ 876\times9+4=88\ 888$

$98\ 765\times9+3=888\ 888$

$987\ 654\times9+2=8\ 888\ 888$

$9\ 876\ 543\times9+1=88\ 888\ 888$

$98\ 765\ 432\times9+0=888\ 888\ 888$

丁

$1\times1=1$

$11\times11=121$

$111\times111=12\ 321$

$1\ 111\times1\ 111=1\ 234\ 321$

$11\ 111\times11\ 111=123\ 454\ 321$

$111\ 111\times111\ 111=12\ 345\ 654\ 321$

$1\ 111\ 111\times1\ 111\ 111=1\ 234\ 567\ 654\ 321$

$11\ 111\ 111\times11\ 111\ 111=123\ 456\ 787\ 654\ 321$

$111\ 111\ 111\times111\ 111\ 111=12\ 345\ 678\ 987\ 654\ 321$

戊

$$1\times8+1=9$$

$$11\times8+11=99$$

$$111\times8+111=999$$

$$111\times8+1\ 111=9\ 999$$

$$1\ 111\times8+11\ 111=99\ 999$$

$$111\ 111\times8+111\ 111=999\ 999$$

$$1\ 111\ 111\times8+1\ 111\ 111=9\ 999\ 999$$

$$11\ 111\ 111\times8+11\ 111\ 111=99\ 999\ 999$$

$$111\ 111\ 111\times8+111\ 111\ 111=999\ 999\ 999$$

己

$$9\times9=81$$

$$99\times99=9\ 801$$

$$999\times999=998\ 001$$

$$9\ 999\times9\ 999=99\ 980\ 001$$

$$99\ 999\times99\ 999=9\ 999\ 800\ 001$$

庚

$$7\times9=63$$

$$77\times99=7\ 623$$

$$777\times999=776\ 223$$

$$7\ 777\times9\ 999=77\ 762\ 223$$

$$77\ 777\times99\ 999=777\ 622\ 223$$

005 数字奇观（3）

$$\begin{array}{r} 1\ 122\ 334\ 455\ 667\ 789 \\ \times \qquad\qquad\qquad\qquad 297 \\ \hline 333\ 333\ 333\ 333\ 333\ 333 \end{array}$$

$$\begin{array}{r} 123\ 456\ 79 \\ \times \qquad 54 \\ \hline 666\ 666\ 666 \end{array}$$

$$\begin{array}{r} 1\ 122\ 334\ 455\ 667\ 789 \\ \times \qquad\qquad\qquad\qquad 396 \\ \hline 444\ 444\ 444\ 444\ 444\ 444 \end{array}$$

$$\begin{array}{r} 1\ 122\ 334\ 455\ 667\ 789 \\ \times \qquad\qquad\qquad\qquad 33 \\ \hline 37\ 037\ 037\ 037\ 037\ 037 \end{array}$$

$$\begin{array}{r} 1\ 122\ 334\ 455\ 667\ 789 \\ \times \qquad\qquad\qquad\qquad 3 \\ \hline 3\ 367\ 003\ 367\ 003\ 367 \end{array}$$

$$\begin{array}{r} 111\,222\,333\,444\,555\,666\,777\,889 \\ \times \qquad\qquad\qquad\qquad\qquad\qquad 3 \\ \hline 333\,667\,000\,333\,667\,000\,333\,667 \end{array}$$

$$\begin{array}{r} 111\,222\,333\,444\,555\,666\,777\,889 \\ \times \qquad\qquad\qquad\qquad\qquad\qquad 333 \\ \hline 37\,037\,037\,037\,037\,037\,037\,037\,037 \end{array}$$

006 数字奇观（4）

下列两种计算颇有趣味，读者能举出与此相同种类的游戏吗？

（1） 142 857×7=999 999

285 714×7=1 999 998

428 571×7=2 999 997

571 428×7=3 999 996

714 285×7=4 999 995

857 142×7=5 999 994

（2） 999 999÷9=111 111

1 999 998÷9=222 222

2 999 997÷9=333 333

3 999 996÷9=444 444

4 999 995÷9=555 555

5 999 994÷9=666 666

数字奇观（5）

153 846×13=1 999 998

230 769×13=2 999 997

307 692×13=3 999 996

384 615×13=4 999 995

461 538×13=5 999 994

538 461×13=6 999 993

615 384×13=7 999 992

692 307×13=8 999 991

如果右边各数用 9 来除，则得 222 222，333 333 等数。

数字奇观（6）

有甲、乙两数，它们的 2 次方和 4 次方的位数相同，且所用到的数字也相同，不同的仅仅是数字的位置顺序？读者能找出这两个数吗？

009 数字奇观（7）

是否有这样的数，它们的立方的位数相同，且所用到的数字也相同，不同的仅仅是数字的位置顺序？读者能举出 4 个这样的数吗？

数字奇观（8）

甲数与乙数的平方，其数字除位置外完全相同。除以下两例外，还有其他的数吗？

$$13^2=169$$

$$14^2=196$$

数字奇观（9）

16 的平方根是 4。

在 1~6 之间插入 15，成为 1 156，其平方根是 34。若再在中间插入 15，则成为 **111 556**，其平方根是 334。由此类推，插入任何个 15，都成平方数，其根则都是 **333…34**，数字的奇妙就是这样不可思议。然而，除 16 外，还能有其他数具有此类性质吗？

注：这里的平方根指的是算术平方根。

012 括号奇观

以 1，2，3，4，5，6，7，8，9 这九个数字顺序排列，加以运算，并用括号括上，成为种种不同形式，而其结果或相同、或相似，这也是一种奇观。举出以下三例供读者观赏。

甲

$1+[2\times 3+4\times(5+6)\times(7+8)]\times 9=5\ 995$

$1+[2\times(3+4)\times(5+6\times 7)+8]\times 9=5\ 995$

$1+\{2\times[3+4\times(5+6)]\times 7+8\}\times 9=5\ 995$

乙

$1+2\times 3+4\times[(5+6)\times 7+8\times 9]=603$

$[1+2\times 3+4\times(5+6)\times(7+8)]\times 9=6\ 003$

丙

$(1+2\times 3+4\times 5+6)\times(7+8)\times 9=4\ 455$

$\{\{[(1+2)\times 3+4]\times 5+6\}\times 7+8\}\times 9=4\ 545$

$(1+2\times 3+4)\times(5+6\times 7+8)\times 9=5\ 445$

$[(1+2)\times(3+4)\times 5+6\times 7+8]\times 9=1\ 395$

$\{[(1+2)\times 3+4]\times 5+6\times(7+8)\}\times 9=1\ 395$

$\{1+2\times[(3+4)\times 5+6\times 7+8]\}\times 9=1\ 539$

【$(1+2)\times 3+(4\times 5+6)\times(7+8)$】$\times 9=3\ 519$

$\{1+2\times[3+4\times(5+6\times 7)]+8\}\times 9=3\ 519$

$\{1+2\times[3+4\times(5+6\times 7)+8]\}\times 9=3\ 591$

$\{[(1+2\times 3+4)\times 5+6]\times 7+8\}\times 9=3\ 915$

$1+[2\times 3+4\times(5+6)]\times(7+8\times 9)=3\ 951$

$(1+2)\times\{3+[(4\times 5+6)\times 7+8]\times 9\}=5\ 139$

$\{1+2\times\{[(3+4)\times 5+6]\times 7+8\}\}\times 9=5\ 319$

013 巧组数字

请用 6 个 9 组成一组数，运用四则运算，使其数值为 100。

014 奇数偶数之和

奇数数字 1、3、5、7、9 之和是 25，偶数数字 2、4、6、8 之和是 20，用这两组数各凑成相当的两个数（整数和分数），使它们的和相等。

015 九数成三

我们用 1、2、3、4、5、6、7、8、9 这九个数字任意组成三数，得出三组；第二组乘以第一组等于第三组；第一组可为两位数，或为一位数；第二组可为三位数，或为四位数；但第三组须保持四位数。

例如， 12×483=5 796

4×1 738=6 952

此两例都符合以上条件，除此两例，请找出其他符合此条件数组。

016 九数分两组

将九个数字 1、2、3、4、5、6、7、8、9 任意分为两组，每组可分为两数，让第一组两数相乘的积等于第二组两数相乘的积。

例如，（1）158×23=79×46=3 634

（2）158×32=79×64=5 056

但 3 634 和 5 056 两数，并非最大的值。如何组合既能得出最大的乘积，又能符合题意呢？

017 十个数字

把 1、2、3、4、5、6、7、8、9、0 这十个数字，任意分为两组，依任何顺序每组有五个数字，每组可任意构成两个不同的数（一位数与四位数或两位数与三位数）；各组有两数，将其相乘，而得相同的积，请找出满足此题条件的组合。

018 数字乘法

此题与 17 题略同，唯独没有数字 0，因而仅有 9 个数字，先把 9 个数字分为两组，每组再任意构成两数，想要使每组中的两数的乘积等于另一组两数的乘积，但此题不是求乘积的大小，而是求符合此条件的两组数中，其乘积的各位数字的和的最大值和最小值为多少。

019 奇怪乘法

若用 3 乘以 51 249 876，得 153 749 628；若用 9 乘以 16 583 742，得 149 253 678。由此两例，可知每组都含有 9 个数字，即 1，2，3，4，5，6，7，8，9；现在若以 6 为乘数，用何数为被乘数，所得的积能含有以上 9 个数字呢？

020 数字奇观（10）

用 1~9 这九个数字，组成两数，以小数除大数，而能除尽。

例如， 17 469÷5 823=3

如果商为 4，5，6，…，9。

符合此条件两数各是哪两个数？

021 数字除法

用 1~9 这九个数字，组成适当的两数，第一数除以第二数，恰好能除尽，而得适当的商。例如 :13 458 除以 6 729，商是 2。请读者用同样的方法，能求得商数为 3，4，5，6，7，8 或 9 吗?

022 百数谜题

法国大数学家拉格朗日曾发明一道难题，用不同的九个数字，即 1、2、3、4、5、6、7、8、9，任意凑合，而得到适当的带分数形式，每个带分数式中，都附有一位数或两位整数，要求使带分数的值，恰恰好等于 100; 经研究所得，每次都需用九个数字，组成各不相同的带分数，其值等于 100 的形式，共有 11 种。

例如， $91\frac{5742}{638}=100$

除此之外，还有十种形式，读者能一一找出来吗?

023 复杂分数

已知如下 12 个数:

13 14 15 16 18 20 27 36 40 69 72 94

这 12 个数都是 12 个带分数的值，各带分数中都由 1~9 这九个数字组织而成（其组织方法与前题相同）。请问，这 12 个带分数如何组成？注意：其值等于 15、18 的两数为叠分式。

024 和成百数

123 456 789=100，此式不能成立，一看便知。读者试用数学中的各种符号（如 +、−、×、÷、( ) 等符号），使此式的值等于 100。数字的顺序，即如上式，所示无须移动或调换，但（1）所用符号的笔画越少越好；（2）所用符号的笔画越简越好。例如，加的符号，乘的符号以及括号等都是两笔，减的符号则是一笔，除（÷）的符号是三笔。

025 数字奇观（11）

用 1~9 这九个数字，或各为一数，或联合两个数字为两位数，或组成分数，用运算符号连接，使其结果成为 100，请问有几种数式？

026 数字奇观（12）

用 1~9 这九个数字以及 0 排成各式使其结果分别为 0、1、2、3、4、5、6、7、8、9，这就是数字的特性（唯独结果为 3 的分数中有两个 3）。

$$\frac{62}{31}-\frac{970}{485}=0 \qquad \frac{13\,485}{02\,697}=5$$

$$\frac{31}{62}+\frac{485}{970}=1 \qquad \frac{34\,182}{05\,697}=6$$

$$\frac{97\,062}{48\,531}=2 \qquad \frac{41\,832}{05\,976}=7$$

$$\frac{107\,469}{35\,823}=3 \qquad \frac{25\,496}{03\,187}=8$$

$$\frac{23\,184}{05\,796}=4 \qquad \frac{57\,429}{06\,381}=9=\frac{95\,742}{10\,638}$$

027 数字奇观（13）

用 1~9 这九个数字及 0 排成算式形式，使其算式计算结果皆为 100，请写出这些算式。

028 数字奇观（14）

排列 1~9 这九个数字，使其成为完全立方的形式，除下例外，还有其他的吗？请找出。

$$\frac{8}{32\,461\,759}=\left(\frac{2}{319}\right)^3$$

九数循环

化某分数为循环小数，其循环节为十位，其数字各不相同（即用 0 及 1~9 的数字排列而成），请问这样的分数有几种？

例如， $\frac{114}{9\,091}=0.0\,125\,398\,746$

030 平方数的奇观

用 1~9 这九个数字，颠倒排列共有 9！ =362 880（种）（9 的阶乘），其中是完全平方数的几个？若再加 0 字，使其成为十位数，则有 10！ =3 628 800（种）。

其中能开平方的有几个？下面列举两例，请找出其他的数。

例如， $11\,826^2=139\,854\,276$

$32\,043^2=1\,026\,753\,849$

031 数字奇观（15）

轮换某数的倍数中的数字，仍为该数的倍数，除下列外，还有其他的吗？

$222=6\times37$　　$333=9\times37$　　$444=12\times37$

$259=7\times37$　　$592=16\times37$　　$925=25\times37$

032 指数变形

现有一数为 $5\times5\times5\times5\times2\times2\times2=5\,000$。稍具有数学知识的人，一看便知此数的值。

现在若误以 5 423 代 $5^4\times2^3$，则与原数数值相差 423，即 $5\,423-423=5\,000$。现在想请读者另用四数字，用两数排列，方法如上例所示，但是所表示的数值须保持相同，请问此数为何数？

033 数字奇观（16）

$11^2=121$

$111^2=12\,321$

$1\,111^2=1\,234\,321$

$1+2+1=2^2$

$$1+2+3+2+1=3^2$$

$$1+2+3+4+3+2+1=4^2$$

$$121=\frac{22\times 22}{1+2+1}$$

$$12\,321=\frac{333\times 333}{1+2+3+2+1}$$

034 数字奇观（17）

(1) $37=3^2+7^2-3\times 7$

(2) $1^2+2^2+3^2+4^2+5^2+6^2+7^2+9^2=10^2+11^2$

(3) $1^3+2^3+3^3+4^3=10^2$

(4) $2+4+13+24+27+29+30=3+6+12+19+26+28+35$

又 $2^2+4^2+13^2+24^2+27^2+29^2+30^2$

$=3^2+6^2+12^2+19^2+26^2+28^2+35^2$

(5) $1+6+8=2+4+9$

$1^2+6^2+8^2=2^2+4^2+9^2$

(6) $2+8+12+16+21+25+29+35$

$=3+7+11+17+20+26+30+34$

$2^2+8^2+12^2+16^2+21^2+25^2+29^2+35^2$

$=3^2+7^2+11^2+17^2+20^2+26^2+30^2+34^2$

$2^3+8^3+12^3+16^3+21^3+25^3+29^3+35^3$

$=3^3+7^3+11^3+17^3+20^3+26^3+30^3+34^3$

(7) $1+5+8+12+16+24+30+100+110$

$=3+4+6+10+11+22+50+80+120$

$1^2+5^2+8^2+12^2+16^2+24^2+30^2+100^2+110^2$

$=3^2+4^2+6^2+10^2+11^2+22^2+50^2+80^2+120^2$

035 数字奇观（18）

想要让此十数之和等于彼十数之和，且彼此平方和相等，立方和相等，4次方和也相等，请问有这种数吗?

036 数字奇观（19）

若干个整数5次方之和，等于一个整数的5次方，这在整数中颇有研究价值，因为其式新奇，特将数式展示如下，读者还有其他新的数式吗?

$4^5+5^5+6^5+7^5+9^5+11^5=12^5$

$5^5+10^5+11^5+16^5+19^5+29^5=30^5$

$4^5+5^5+7^5+16^5+21^5=22^5$

$1^5+1^5+2^5+4^5+5^5+8^5+9^5+12^5+13^5+29^5=30^5$

$4^5+5^5+6^5+7^5+9^5+11^5+15^5+16^5+21^5+27^5+33^5=36^5$

$4^5+5^5+6^5+7^5+8^5+9^5+10^5+11^5+14^5+18^5+22^5=24^5$

$5^5+10^5+11^5+16^5+19^5+20^5+25^5+29^5+35^5+45^5+55^5=60^5$

$3^5+6^5+7^5+8^5+10^5+11^5+13^5+14^5+15^5+16^5+18^5+31^5=32^5$

037 数字奇观（20）

自然数中，连续三数分别被某数的立方除尽，这也是数字的奇观。

1 375 能以 5^3 除尽

1 376 能以 2^3 除尽

1 377 能以 3^3 除尽

038 四四呈奇

有四个 4，用运算符号连接它们，成为种种之数。

例如， $\frac{4+4}{4+4}=1$　　$\frac{4}{4}+\frac{4}{4}=2$

$\frac{4+4+4}{4}=3$　$\frac{4-4}{4}+4=4$

依此规则组成 1~100 的百数，请写出这些算式。注意，每个算式所用的“4”，不能多于 4 个，也不能少于 4 个。

039 五五呈奇

仿四四呈奇的规则，用五个 5 字，组成 1~100 的百数，请分别写出这些算式？

040 乘算奇观 (1)

如图中隐含一则难题，位于 15 与 93 之间的一人，为乘号的代表。

即 15×93=1 395，由此例知乘数与被乘数中的各数字，都与积中的数字相同，但数字的次序有变化，请你尝试选取四个数字，组成一位数与三位数，或两个二位数，拿来试验，也要求乘数与被乘数的数字，都与积的数字相同，请试一试，你能找多少组符合此条件的四个数字。

041 叠加数字

某人银行卡上现有钱数 987 元 5 角 4 $\frac{1}{2}$ 分，现将各数字叠加起来，得总和是 36（即 9+8+7+5+4+2+1），而 369 875 421 九个数字与基本数字 123 456 789 相同。但上述的钱数较大，我们用此方法，能否求两个最小的钱数，但钱数必须含有元角分，但总钱数的数字以及和的数字，必须保持为不同的 9 个数字。

042 对数奇观

某数的对数的数字除小数点的位置不同外，其数字完全与该数的相同，除下列的例子外，还有其他符合此条件的数吗?

$$\lg 1.3\,712\,885\,742=0.13\,712\,885\,742$$

043 乘算奇观 (2)

有一天我偶然见到我所用的提箱上，粘有一张长方形的号码单，其数为 3 025，我于是将号码单揭下，并截为两段，即把 3 025 分为两数，即 30 和 25，而 30+25=55，再用 55 乘 55（55 的平方数）复得 3 025，我感到很新奇，时间一长，我想到两个不同的四位数，具有同样的性质（即把原数分为两数相加，再自乘能得原数），读者可知道这两个数是什么数吗?

044 奇异的数

有一些奇异的数，如 48+1=49，和为 7 的平方数，而 48 的一半加 1 等于 25（即 $48 \div 2+1=25$）则为 5 的平方数，许多数有这样的特性，读者是否能找得符合上述条件数值最小的三个数？

045 数字成方

将 1~9 九个数字（1、2、3、4、5、6、7、8、9）分别置于一小方形内，使每行都成三位数，而第二行的数，2 倍于第一行的数，第三行的数 3 倍于第一行的数。除图中的一种方法外，还有三种方法，读者知道吗？

1	9	2	第一行
3	8	4	第二行
5	7	6	第三行

046 一数分两数

把一个数按数字顺序分为两个数，使这两个数的差等于它们平方的差，请求符合此条件的数。

047 汽车牌号

有一日我在街上行走，突然看到一辆汽车急驰而至，我急忙看了车牌号码，是个四位数。四个数字的和的一半，等于前后两个数字或中间两个数字的和，而第一个和第二个数字的和，等于第四个数字。第三个数字又为第一个数字的2倍，请问此车的车牌号是多？（注意：四位数车牌号码以最左边的为第一个数字。）

048 记录牌号

北京有位警察，有天夜里看见两辆人力车往来经过他的岗哨达十多次，该警察对其产生了怀疑，想记下这两辆车的牌号，以备侦察。但手中无笔，没法记到本子上，于是用粉笔暂时记到旁边的电灯柱上。过两天，他看柱子上的两数得出一个概念：两数共有不同的数字9个，而这两数相乘，所得的积，仍由相同的9个数字组合而成，请问这两数是什么数？需要说明的是，这两数相乘的积必须是符合此条件的最大积。当然，警察不能吐露这两数，读者朋友能否依上述条件，求得这两数。

049 一桶啤酒

某酒商在某酒厂买酒6桶，而每桶酒的千克数各不相同，如图所示，6桶中有啤酒1桶。现在商人甲某想要从酒商买入一定数量的酒，同时乙某也想买入2倍于甲某的酒的数量，请问酒商如何配置，方能交易成功？前提是酒商自己必须留1桶啤酒，且卖出各桶酒的千克数仍与酒商买入时相同，且不能将原桶拆开，此酒商怎么也找不到办法，请读者帮助他想办法，促使其交易成功。

050 抽屉趣题

现有A、B、C三个柜子，每柜有九个抽屉，各个抽屉上镌有一个数字，每个柜所镌的九个数字须各不相同，且限于1、2、3、4、5、6、7、8、9、0这十个数字之内。此处0代表一个数字，柜子的左列三抽屉上（如abc位置）不能镌有0字，镌刻完毕，知道了每个柜子第三行的数，都等于各自第一行与第二行的数的和，又知道A柜第三行的数最小，C柜子第三行的数最大，若B柜第三行的数在A、C的两者之间，请问各柜上数字的位置是如何排列的？

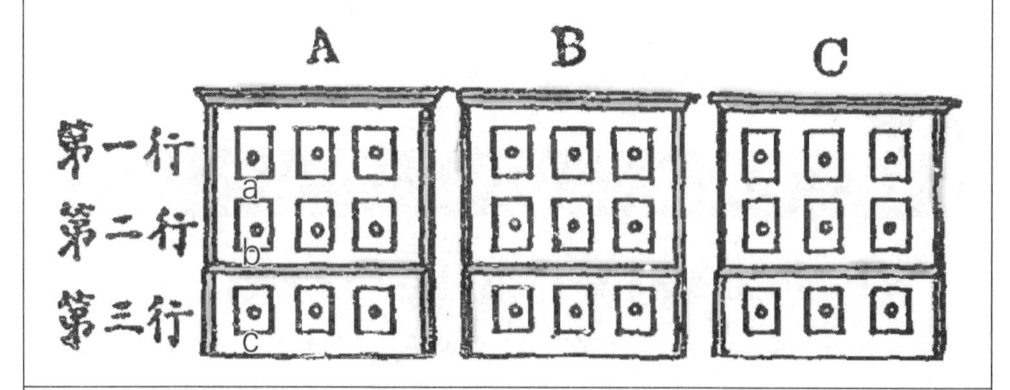

051 数环相乘法

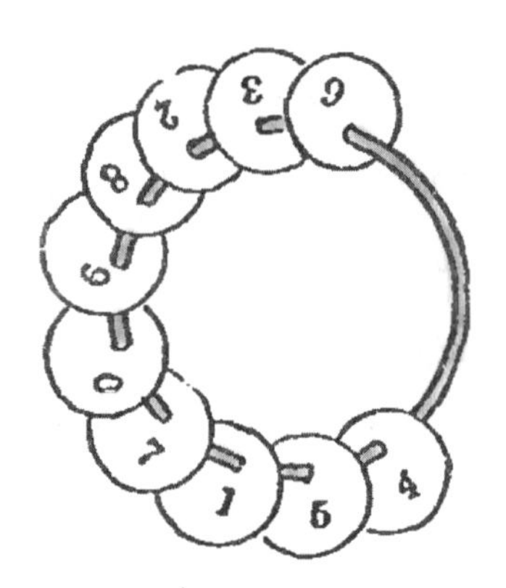

如图，有 10 个数字串在一个环上，现在将这 10 个数字分为三组，第一组与第二组相乘，等于第三组的数。例如，第一组为 2，第二组为 8 907，第三组为 15 463，此例虽能分为三组，而 2×8 907 不等于 15 463，所以不合题意，读者是否能找到正确的分法？提醒读者，划分的方法需运用某些技巧，并不是碰运气得来的。

052 四个立方体

现在有四个骰子形的小立方体，每立方体的六面分别刻有 1、2、3、4、5、6 的数字，将四个立方体排成一行，就构成一个四位数，如图所示，则为 1 246。现在我们任意置换各个立方体的六面，使其成为各个不同的四位数，请问共有多少不同的四位数，并求各个数相加的总和？注意，数字 6 可颠倒方向变成数字 9，对此，不能说每个立方体上有 7 个数字。还需要提醒读者的是，想要求得此题答案，并不需要实验，只用简单方法就可解答。

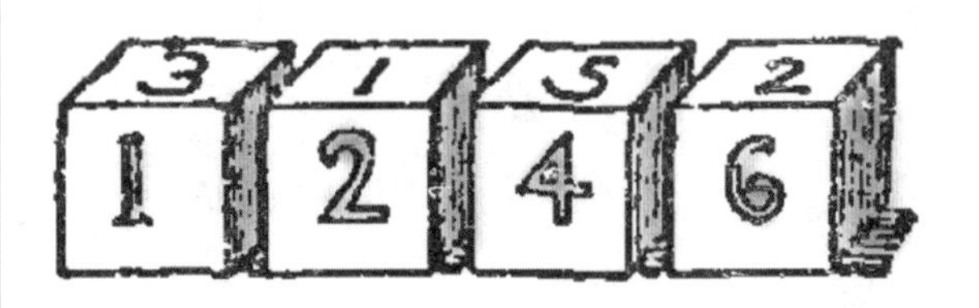

053 九个酒桶

某商人有九个酒桶，用 1~9 的 9 个数字加以分别，运输时，工人将其排列如图所示。有一名学生路过，见最左 1 桶上的数 7 与右侧桶上的二位数 2、8 相乘，等于中间 3 桶上的三位数 196，对他同行的同学说，你能将 9 个桶重新排列，使最右边 1 桶上的数与左侧两桶上的两数相乘，等于中央 3 桶上的 3 数但乘积不必是 196 吗？当然，移动桶的次数越少越好，该同学解答不了，其他的同学也不能解答。你有办法解答吗？

054 排数成环

一个圆环上有 10 个正方形，每个正方形中各有一个不同的数，能使任何 2 个相邻两数的平方和等于其对面相邻两数的平方和，例如 A、B 与 F、G 的位置对应：

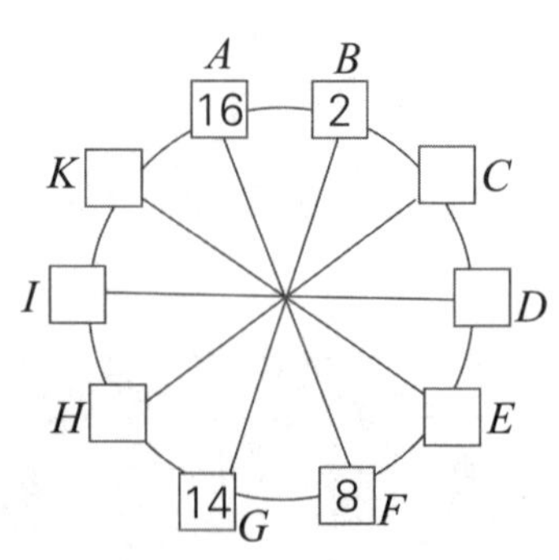

$A=16$，$B=2$，$F=8$，$G=14$，

$16^2+2^2=8^2+14^2=260$。

同理欲求 $B^2+C^2=G^2+H^2$，

$A^2+K^2=E^2+F^2$，

$H^2+I^2=C^2+D^2\cdots$

当然，所得的平方和不限于等于 260。

055 奇特的算法

甲对乙说：“加 0 给 5，再加 1，再加 500，其结果为无，你知道这是什么算法吗？”乙解答不了，尊敬的读者，你们是否知道这种奇特的算法？

056 渔翁妙语

有一路人问一位渔翁：“您钓了几条鱼了？”渔翁笑笑后回答道：“我钓了无头的鱼 6 条，无尾的鱼 9 条，还有 8 条是一半的。”路人听了后，愣了半天，也不知渔翁什么意思。读者能解其中的意思，知晓渔翁钓了几条鱼吗？

057 新奇的加法

有位老师问学生说：“6 加 5 等于几？”一个顽皮的学生回答说：“9。”老师说：“5 加 6 等于 9，从未听说过，你学习了两年，成绩还这么差，真的太不用心了。”这位学生说：“这是很正确的答案，先生不要生气。”老师说：“如果你所说的合理，我不会责备你。”于是，这位学生在黑板上写出这道题的算式，老师看了笑着说：“你是个挺聪明的学生。”请问：这名学生是用什么算法折服这位老师的？

058 巧分十一

把11这个数分成两份，再将这两份相加，和为10，你能知道怎么分法吗？

059 巧分十八

老师问学生说：“用2除18得多少？”学生说：“10。”老师说：“错误。”学生说：“没错。”他把其道理说了出来，老师听了也折服了。您能知道学生用的是什么方法吗？

060 奇妙算法

自6减9自9减10，自40减50，余数之和等于6。这是用了什么样的方法？

第二章

金钱趣题

061 奇法济贫

有个行善的老人，临终时告诉他的儿子每年必须拿 660 元救济贫苦的人，男子每人给 30 元，女子每人给 18 元，每年男、女的人数必须不同且男、女的人数必须多于 2 人，这样至多可救济多少年？

062 破天荒的分金法

某国国王拿出银 1 000 000 元，命王子分给贫穷的臣民，并嘱咐说：分金时每人所得的钱数必须为 7 的幂数，如 7^0，7^1，7^2，7^3，…（即 1，7，49，343，…）又必须将 1 000 000 元分尽，其中分得相同的钱数的人不得多于 6 人。请问，你能帮助王子把这 1 000 000 元分尽吗？

063 慈善的富翁

某富翁家资殷实，凡是社会上的慈善事业，富翁无不参与。有一年，水灾蔓延，饥民遍布四野，寒无衣，饥无食，因冻饿而死的人随处可见。富翁听说后感叹说：“那些人挨饿犹如我挨饿；那些人挨冻犹如我挨冻，我能忍心坐视而不救吗？”于是，富翁由中国银行拨出若干的存款，平分给 365 个饥民。现在设分给 312 人则多余 1 元，请问这个富翁共拨了多少存款？但求一最小的值。

064 遗产分配

有个老人有 5 子 4 女，临死时嘱咐他的妻子，将平日所积蓄的 7 800 元分给每个人，每子所得应当为每女所得的 3 倍，每女所得应当为其母的 2 倍。请问，老人死后，如何分这笔遗产，每人分得多少钱？

065 五子分金

有位母亲拿 200 元钱，对她的 5 个儿子说：我将把此钱分给你们，分的时候必须是：1 人所得的 12 倍，1 人所得的 3 倍，1 人所得的 1 倍，1 人所得的一半，1 人所得的$\frac{1}{3}$，其和仍是 200 元，然后才能将此钱分给你们。5 个儿子听后瞠目结舌，不能回答。请读者思考，此钱用什么方法才可分之？

066 奇妙的储金

某人劝他的儿子储金，每日储备铜钱 1 枚，储备到一定时候，其铜钱可排成一正方形，又可排成一正三角形，又可分排成两个正三角形，还可分排成三个正三角形，此时给奖品 1 枚。以后继续再储，到第二次合乎此条件时，再给奖品 1 枚。待得到奖品 6 枚后，该童子才能得知所储铜钱的总数并得到它。请问该童子有获得储金的希望吗?

067 九个储蓄罐

某孩子将币值相同的硬币分别钱储于 9 个储蓄罐，有一天他将 9 个储蓄罐打破把钱取出，才知道 9 个储蓄罐所盛的硬币，均可排成正方形，而甲储蓄罐中的钱数与乙储蓄罐中的差，等于乙储蓄罐与丙储蓄罐中的钱数的差，并等于丁储蓄罐与戊储蓄罐，戊储蓄罐与己储蓄罐，庚储蓄罐与辛储蓄罐，辛储蓄罐与壬储蓄罐中的钱数的差。请问九个储蓄罐各储钱多少? 其中，甲储蓄罐是新置的，所盛的钱尚不足 12 枚。

068 卖牲口

某牲口贩子将所有的一群牛、一群猪、一群羊混合在一起，重新分为五群，每群牲口的数目相等，然后将所有的牲口全部卖给顾客。顾客共 8 人，每人所得的牲口数相等。而牛每头价值 17 元，猪每头价值 4 元，羊每只价值 2 元，共卖得 301 元，求最初所有的牲口有多少？牛、猪、羊各是多少？

069 牲口交易

甲、乙、丙三人均从事畜牧业，他们各带牲口若干来市场交易。甲对乙说："若用我所有的 6 头猪，换你的 1 匹马，则你所有牲口的数将是我的 2 倍。"丙对甲说："算得妙，若用我所有的 14 只羊，换得你的 1 匹马，则你所有牲口的数将是我的 3 倍。"乙看着丙说："您的高论真是妙，若用我所有的 4 头小牛，换得你的 1 匹马，则你所有的牲口将是我的 6 倍。"三人皆大笑而散。请问三个各有多少牲口，马、牛、羊各有多少头？

070 买橘子

甲买了许多橘子，乙问他说："您买橘子时单价是多少？"甲说："每 100 只橘子要比原价少给 4 元。"乙说："即然这样，您所得的橘子，应该比按原价购多多少只呢？"甲说："我若买 120 元的橘子，应当比按原价购的橘子多 5 只。"请读者猜一猜，甲买橘子所给的价格是多少？

071 卖蛋奇语

有个卖蛋的人携空篮而归，有人问他说：“今日的蛋卖出多少？”卖蛋的人回答说：“我今天提篮出门，先到一家，卖去篮中所有的蛋的一半，又半个；第二次又到一家，卖去篮中剩余蛋的一半，又半个；第三次又到一家，卖去篮中所剩余蛋的一半，又半个。于是我的篮子就空了。”听说的人感到惊奇，请问此人共卖了多少枚蛋？

072 杂货商与布商

杂货商甲某，每分钟能包 1 千克的糖两包，布商乙某，每分钟内能剪 1 米长的布 3 块。一天，有人以糖若干千克命甲包成 1 千克一包的糖 48 包，又以布一匹长 48 米命乙剪成一米长的布 48 块。两人同时动手，中间共有 9 分钟的休息，而乙休息的时间是甲的 17 倍，求出 2 人比赛的结果，各花了多少时间？

073 大小橘子

市场有卖橘子的 19 人，每人卖橘子两种，大的每只 4 角，小的每只 3 角，19 人所规定的价格相同。现在有人想要买 100 只橘子，其中必须两种都有，如果想要19人各得19角钱，只是不限各人所售橘子的多少。请问，如果要满足上述要求，这两种橘子各有多少只？用什么样的方法买的？

074 三种蛋

市场有个卖蛋的商人，其蛋的价格是：鹅蛋每个5元，鸭蛋每个1元，鸡蛋每枚0.5元。现在收到100元钱，卖了100枚蛋，此100个蛋中三种蛋都有，且有两种蛋的个数相同，试求商人卖出各种蛋分别有多少个？

075 不擅经商的农夫

某农夫到市场上用12头牛换49头猪，但是这天的市场价是：3头牛的价钱等于2匹马，15匹马等于54只羊，12只羊等于20头猪。请问农夫损失多少？

076 电机损益

有一人购了 2 台电机，后来因故没有使用又全部卖出，出售时每台电机 600 元，但因电机的原价不同，所以，一台较原价损失 20%，另一台获利 20%。请问，此人电机卖后的损益是多少?

077 极大与极小

用 1、2、3、4、5、6、7、8、9 这九个数字，记镑、先令、法寻（1 法寻等于四分之一便士，此处须用便士表示法寻）和便士的枚数，须一次将九个数字用尽，每字只能用一次，其最大值为 98 765 镑 4 先令 3 又 2 分之 1 便士，若依此条件，想求最小数值，它的记法如何? 说明：镑、先令、法寻都是英国货币单位，1 镑 =20 先令，1 先令 =12 便士，1 便士 =4 法寻。

078 英国货币

英国币制特别复杂，其名称：镑，半镑，克朗，弗罗林，双弗罗林，先令，便士等，1 镑 =20 先令，半镑 =10 先令，1 克朗 =5 先令，1 弗罗林 =2 先令，1 双弗罗林 =4 先令，1 先令 =12 便士。想必读者已经知道英国货币制了吧，现在有甲、乙、丙、丁 4 人，共有英币 6 枚，价值 45 先令，若把甲所有的数加 2 先令，乙所有的数减去 2 先令，丙所有的数乘以 2，丁所有的数除以 2，则四人最后的先令数全相同。

079 有趣的英国货币

英国货币有镑、先令、便士三种，若从此数的总数内减去此数的倒数，换言之，即减去将便士的枚数改为镑，镑数改为便士数，而其差加上其差的倒数，等于 12 镑，18 先令，11 便士。例如：有三种货币其数为 10 镑 15 先令 9 便士，减去其倒数即 9 镑 15 先令 10 便士，其差数为 0 镑 19 先令 11 便士，加其差的倒数 11 镑 19 先令 0 便士，其和为 12 镑 18 先令 11 便士。

（1）求符合此条件的钱数，最大值为几镑几先令几便士?

（2）求符合此条件的钱数，最小值为几镑几先令几便士?

080 镑与先令

英国币制 1 镑 =20 先令，这是人人都知道的。现在有人持镑及先令各若干，到书店买书，共花费刚好为他原带金额的一半，而所剩先令的枚数，恰恰好等于最初所持镑的枚数，所剩镑的枚数恰好等于最初所持先令枚数的一半。请读者，求他花费了多少钱?

081 英币怪数

英币 66 镑 6 先令又 6 便士 =15 918 便士（因 1 先令 =12 便士，1 英镑 =20 先令），而左方四个 6 字之和 =24，右方 1、5、9、1、8 五个数字之和也为 24，这是不是非常奇妙的结果？此外仍有符合上述条件一钱数，能得与此相同的结果，即镑与先令、便士的枚数上各数字的和，等于化为便士后各数字之和。符合此条件的钱数到底是多少呢？读者知道吗？

082 兑换美金

美国货币最便于使用，1 元的银币以下，又有半元，四分之一元。1 角，5 分，3 分，2 分，1 分，种种大小不同的货币，虽然便利，但有时也发生困难。相传有一顾客持美金向商人购物，共需 3 角 4 分，而他手中的美金为 1 元，3 分，2 分的货币各一枚，该商人仅有一枚半元和一枚四分之一元的银币。当他俩正为此交易犯愁时，忽然来个乙某，乙某持有 1 角的银币 2 枚，以及 5 分、2 分、1 分的货币各 1 枚，并向该商兑换较大的货币，其枚数务必要求最少，以便于携带。对此，商人真可谓欣喜若狂，十分顺利地完成了交易，并使甲乙两人均满意而去，而该商人并无任何损失。请问，该商人用了什么样的方法圆满完成上述交易的？

083 六便士

乙、丙、丁三人同行，遇到乞丐甲，甲对乙说：若您给我便士的数量，和我口袋中的便士数相同的话，我将当天用去6便士。乙按照甲所说给了他；乞丐甲在当天就用去6枚便士。次日，甲以向求乙的方式求于丙，丙也给了他，甲又用去6枚。又过一天，甲用原来的方法求于丁，丁笑着也给了他，甲又用去6枚，最后袋中空无一文，请问甲最初袋中有几枚便士？

084 邮票趣题

某邮政分局有个邮政员，很擅长数学巧算。有一天，有个人持1元钱，向她购买邮票，也没有说明要购多少张邮票，只要求把这1元刚好用尽，要求给他3分的邮票数张，再取明信片（每张1.5分）6倍于3分邮票的张数，余下的钱数全部购买5分的邮票。邮政员沉思了一会儿，按顾客要求圆满完成了交易，顾客也十分满意。该邮政员如何配售邮票和明信片的呢？

085 过桥税

某女士出远门，一路上她要路过三桥，之前过桥的人每次均必须纳税，此女士每过一桥，必须缴纳袋中的钱的一半，另加一角，过第三桥后，袋中的钱恰恰好用尽，请问此女士最初有多少钱?

086 计算储金

甲、乙两人同时被某商店聘为职员。老板对他们讲明第一年薪金各 50 元，以后每年递加 10 元。但乙因其他原因，自愿每半年加 2 元 5 角，店主认为乙的工钱更低便同意了。自入职起，两人每年将其薪金的一部分存在中国银行。而乙所存金额占他薪金的份额，恰好 2 倍于甲所存金额占其薪金的份额。五年后两人所储蓄的数，扣除利息外，共计 268 元 7 角 5 分，请问甲、乙两人各有多少钱?

087 钱的妙算

某人到市场买东西，第一次用去的钱数，比其总钱数的$\frac{1}{2}$多 1 元，第二次用去比所余下的$\frac{1}{2}$多 2 元，第三次用去的比所余下的$\frac{1}{2}$多 3 元，回家时只余下 1 元钱，求最初他有多少钱?

骗 表

有个骗子到表店购买手表，每只定价 15 元，骗子取表 1 只，从口袋中取出两张 10 元纸币，让手表店主找回 5 元。该店主向隔离某钱庄代骗子兑换 20 元，自收 15 元，余下的 5 元付给骗子。骗子走后，钱庄认出两张 10 元纸币为伪币，便向手表店主索回兑出的 20 元。该店主向朋友借钱付给了钱庄。若一只手表成本 10 元，请问该店主损失多少钱?

饮 酒

某酒店卖酒，每杯 2 元。有一天，10 个人在一张桌上饮酒，每侧 5 人，如图（1），其中 1 人让每人敬同列者 1 杯，自陪 1 杯，饮毕，共计花费了 100 元钱。次日，他们又饮于此，仍依以前的惯例，各公敬同列者 1 杯，自陪 1 杯，但这天的席次变更如图（2），饮毕，共计花费 104 元，请问，人数相同，酒价未变，酒令如旧，为什么两天的费用不同?

1 2 3 4 5	1 2 3 4 5 6
6 7 8 9 10	7 8 9 10
（1）	（2）

090 各有多少钱

甲、乙、丙三人，同玩某种纸牌戏，第一次甲负而乙丙胜，其结果使乙、丙两人桌面上所有的钱，各增加了 1 倍。第二次乙负而甲丙胜，甲、丙两人桌面上的钱也各增加 1 倍。第三次丙负而甲乙胜，使甲、乙两人桌面上所有的钱也各增加 1 倍。三局终结，甲、乙、丙三人桌面上各自所有的钱数相等，但甲较原有的钱数已经损失了 5 元，请问甲、乙、丙三人最初桌面上原有多少钱?

091 猜 钱

有个老乡回家，途中遇到他的朋友某君，老乡说："我有铜元 1 枚，一面是字，一面是国旗，我把铜钱掷向空中，待钱落地时，如表面是国旗，则为我胜，如表面是字则为我负，胜或负的赌注，皆以当时我衣袋中所有的钱的一半为准。"现在知道老乡胜负的次数相等，请问老乡损益多少?

092 赌猜拳

甲、乙、丙、丁、午、己、庚7人，用猜拳作为游戏，讲明7人此次比赛，最后负者为大负，大负者当罚金。罚金的多少，以6人所有的钱数为标准。换言之，使6人所有的钱数加倍，如是甲、乙、丙、丁等7人顺次各大负一次，此时有一个奇妙的现象发生，即7人所有的钱忽然彼此相等，各128元，试求7人最初所有的钱数?

093 马车载客

有马车一辆，仅能载两人，从停车场到游戏场，男子每人价格4元，女子每人价格2元，每对夫妇同乘价格为8元。三日间马车夫驱车到游戏场若干次，共得钱100元，所载的男女各13人。求此26人中，单独的男女各几人?夫妇同乘者有几人?

094 用钱占卜

某乡有位星士，惯用铜钱为人占卜，其方法将铜钱5枚放置筒内，反复摇动，之后倒在盘中，则铜钱或字或背，以字背相同数目的多少而定吉凶，有4枚以上相同的就是吉卦，否则就是凶卦。请读者猜一猜吉卦的机会是多还是少?

095 和与积相等

小明对他的同学说："奇怪！2元加2元等于4元，2元乘以2元也等于4元。"他的同学说："你这样计算是错误的，譬如，2km加2km固然等于4km，若用2km乘以2km，则得4km^2。现在用2元乘2元，不将为2元的2次方吗？寻常的乘法，被乘数为名数(赋有数量单位名称的数叫做名数)，乘数则当为不名数。若以名数乘名数，在理论上是行不通的。"小明笑着说："可是我也有一个问题，请你回答。除2与2之和等于2与2之积外，是否还有其他的两数，其两数之和也等于此两数之积呢？"同学不能回答。读者能否替他回答。

第三章 时间趣题

096 表和闹钟

昨天，我调整了表和闹钟的时间，把它们调成了正确的时间。不过，表会慢2min/h，而闹钟会快1min/h。今天，表和闹钟同时停了，表上显示的时间是7点，而闹钟上显示的时间是8点。请问：昨天我调整表和闹钟的时候是几点？

097 猜时间

甲对乙说：“你试着任意想一个时间。”乙说已经想好了它。甲说：“你把所想的时间默记在心上，然后任意指一个时间（不必与所想的时间相同）。”乙说：“我指5时。”甲说：“以你所想的时间为起点，从你所指的时间数（即5）数起，逆时针数到17为止，数完告诉我此时你手所指的时间（即记在钟面上的时间），那么我能知道你所想的时间。”乙说：“最后到3时。”甲说：“既然这样您所想的时间就是3时。”乙说：“的确如此，但您是怎样奇迹般地猜到？读者朋友，你们能猜到吗？

098 双针一线

午后 2 时许，钟上的时针与分针忽然成一直线，而所指的方向相反，请猜一猜此时的精确时间？

099 秒针奇遇

甲对乙说：时间已经到了晌午，钟忽然停了。乙说："奇了！秒针正指在时针与分针的中间，如图所示。"甲说："这样我有一问题，您能回答吗？"乙说："愿听。"甲说："假使此钟不停，而第二次的秒针在时针和分针中间时是什么时间吗？"乙回答不出来。读者能代为回答吗？

100 时间趣题

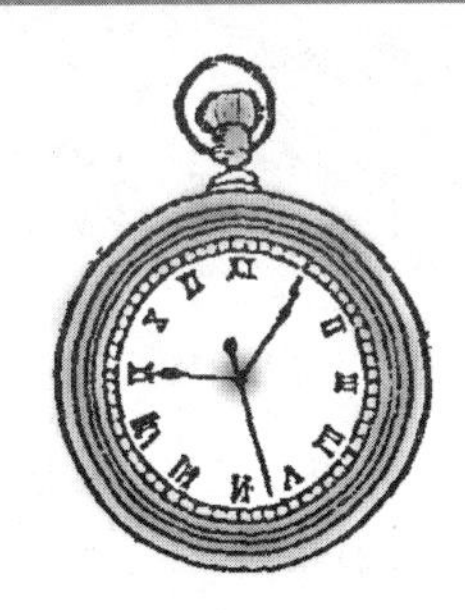

某人有一个停走的表，表盘上的显示是：分针与时针的夹角等于全圆周的$\frac{1}{3}$，如图所示。求秒针的位置及第二次时、分、秒三针仍成此角度的时间？

101 两针换位

如图所示，时钟所指的时间是 4 点 42 分差一点，若到 8 点 33 分多一点时，则长针与短针互换其位置，请读者计算从午后 3 时到夜间 12 时，钟上的长短两针，互换位置几次？每次互换位置，其先后两个时间各是多少？

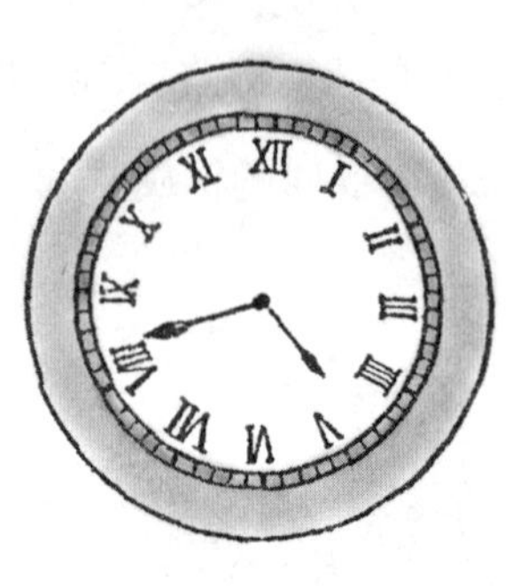

102 两针相遇

现在有一口钟在此，其时针与分针相遇的时候，秒针指过 49 秒，求出此时的时间。读者能有一定的计算方法吗？

103 三时针

公历 1898 年 4 月 1 日正午，有人将甲、乙、丙三个时钟的各针放在正 12 点处，到了第二天正午看时，甲钟所指的时间是正 12 点，而乙钟与丙钟一个是 11 点 59 分，一个是 12 点零 1 分，各与甲钟相差 1 分。如果此三钟永久不停，速度永久不变，则此三钟上各针能再同时指在正 12 点处吗？如果读者认为可能，那么此时是何年何月何日何时？

104 表的快慢

有一位朋友拿一块表对我说："这块表不能用了。"我问："为什么？"他说："此表的分针与时针每 65 分钟必相遇一次。"我说："即然这样，是不能用了。"尊敬的读者你能知道此表是太快？还是太慢？它们之间的差距是几分吗？

105 现在何时

某学生问老师说："现在几点了？"老师说："由正午到现在的时间的$\frac{1}{4}$，加上由现在到明天正午的时间的$\frac{1}{2}$，就是现在的时间。"尊敬的读者，你能知道此时是什么时间吗？

106 时刻妙算

学校每天定于下午六时吃晚饭，下课后距离晚饭的时间是下课前 50 分钟距离 3 时的时间的$\frac{1}{4}$，求下课的时间？

107 日期妙答

甲问乙说："今日为什么成为昨日？" 乙的回答非常奇妙，恐怕读者也将为其迷惑。乙的回答是这样说的："假如以后日为昨日，则今日与星期日的距离等于以前日为明日的今日与星期日的距离。"请问，这样今日是哪一日？

108 奇妙钟面

钟匠甲某，不小心将钟的盘面弄碎了，碎成了四块，仔细看时，发现每块上所有的罗马数字之和均相等。请问此盘面破碎后呈什么样的形状？

第四章

速度与路程

109 一篮橘子

有个卖橘子的人，篮子中有 50 个橘子。现在将 50 个橘子放在地上，排成一直线。第一个橘子距第二个橘子 1 米，第二个橘子距第三个橘子 3 米，第三个橘子距第四个橘子 5 米，第四个橘子距第五个橘子 7 米。由此类推，每隔一橘而增加 2 米，橘子按此种方法排好，第一个橘子放在空篮子的旁边，然后让他的 12 岁的儿子由第一个橘子拾起，每拾一个橘子必须放到篮中，到第 50 个橘子为止。请问这个孩子完成此项任务需要走多少路程？这道趣题，读者用什么奇妙的方法来计算？

110 武士救友

某武士的朋友被贼人掳去了，于是他与徒弟定计去救朋友。通过打探得知贼人晚上六点吃饭，七点钟吃完，他们必须趁贼人吃晚饭时深入贼人的巢穴，才能救出朋友。通过预算向贼巢前进的速度，若走 15 千米 / 时，则早 1 时到，必让贼人识破。若走 10 千米 / 时，则迟 1 时到达，必然失去机会。请问该武士的出发地距离贼巢多少千米？每小时走几千米才能救出朋友？

111 平均速度

有一帆船从甲地顺风行驶到乙地，行15千米/时，又从乙地逆风返回甲地，只行10千米/时。这样此帆船往返间的平均速度是几千米/时？

112 两车速度

两车同时由甲乙两地逆向行驶，相遇后，一车经历1小时抵达甲地，另一车经历4小时抵达乙地。求两车速度之比。

113 三村距离

有甲、乙、丙三村，甲村与乙村间有一条直路相通，路边有一座寺庙，从此寺庙到丙村是此路到丙村最近的路，路长12千米。此寺庙距离甲村9千米，从乙村到丙村没有直接的路，必须经此寺庙方可到达，这段路程是28千米。求三村的距离。

114 登山速度

有个采茶的人，每天必登山采茶。上山时走 1.5 千米 / 时，下山时走 4.5 千米 / 时。一天，此人忽然想计算一下自己的平均速度，于是他从山麓走到山顶后，随即又从山顶走到山麓，共走了 6 小时。请算一算，他的平均速度是每小时多少千米?

115 车费几何

第五届远东运动会在上海虹口体育场举行。甲某租一辆自动车以备参观之用，每天由家到体育场，再由体育场返回家，其车费是 12 元，而每天去体育场必定经过他的朋友王君的家。王君与甲某同乘一车到体育场，闭会后王君又与甲某同车返家。王君的家是体育场与甲某家距离的中间点，请问王君每天应该缴多少车费?

116 乘车后到

某村离火车站 12 千米，其路的$\frac{1}{3}$是上山的路，$\frac{1}{3}$是下山的路，另$\frac{1}{3}$是平路。村人甲某于下午 2 时因事须搭乘 3 时 30 分的火车到某地，于是骑自行车赶赴车站，临行时对其朋友说：我将用 4 千米 / 时的速度登山，用 12 千米的速度下山，平地则 8 千米 / 时，我将按时到站，以免误时。他的朋友不熟悉数字，笑而和之。请问甲某能准时到站吗?

自行车赛

甲、乙两人在 20 千米长的路上进行自行车比赛。甲说：我能以相等的速度，10 千米 / 时行在路上，而往返速度不变。乙说：我与你不同，我去时仅能行 8 千米 / 时，返回时可行 12 千米。请问甲、乙两人是否能同时回到出发点?

118 乘车竞赛

甲、乙、丙、丁、戊五人骑自行车在运动场上竞赛，甲 10 分钟所行的距离，乙行需 10 分 30 秒；乙 14 分所行的距离，丙需 15 分 24 秒；而丙、丁的速度之比是 12 : 11，丁、戊的速度之比是 6 : 15，现在丁戊两人从同地出发，向左右环场背向而行，丁在戊出发后 1 分 30 秒发车，经历 4 分 36 秒与戊相会，请问甲环行一周需几分钟?

第五章

年龄趣题

119 丢潘都的寿命

丢潘都去世时的年龄，可由他的碑文中求出：

丢潘都寿命的$\frac{1}{6}$是幼年时代，$\frac{1}{12}$是少年时代，$\frac{1}{7}$是结婚前的年龄，结婚后 5 年生子，其子的寿命是其父的一半，而子先其父 4 年去世。

读者朋友是否能从碑文中得知丢潘都去世时的年龄呢?

120 猜年龄（1）

凡是生于 19 世纪的人，其年龄可用下面的方法一猜便得知。

以某人出生之年的十位上的数字，用 10 乘加 2，再加其出生之年的个位上的数字，然后用 124 减去和，即可得出他在 1922 年的年龄。

例如，某人生于 1848 年，则 $4\times10=40$，$40+2=42$，$42+8=50$，

$124-50=74$。

即此人在 1922 年的年龄为 74 岁。

121 猜年龄（2）

甲对乙说："请您在纸上写明您出生的月数，别让我看见，而用 2 去乘，

得出的积加 5，其和用 50 去乘，得出的积再加上您现在的年龄，所得之和减去 365，此时的余数是多少请您告诉我。我可以通过余数能知道您现在的年龄以及出生的月数。”乙说：“1 008。”甲说：“您 23 岁，出生在 11 月，是不是？”乙说：“是的，是的，但您究竟用什么方法知道的？请详细地告诉我。

122 猜年龄（3）

将某人的年龄乘 3 加 6，得出和，然后除以 3，所得的商减去 2，就是这人的年龄。读者明白其中的原因吗？

123 猜年龄（4）

甲对乙说：“查一查下面表格中第几列有你的年龄？”乙说：“在第一、第二、第三、第四列中有。”甲说：“您的年龄是 15 岁。”乙说：“你是怎么知道的？”甲说：“第一列第一行的数是 1，第二列第一行的数是 2，第三列第一行的数是 4，第 4 列第一行的数是 8，用 1、2、4、8 四数相加，得 15，就是您的年龄。读者是否明白其中的道理。

第一表

第一列	第二列	第三列	第四列	第五列	第六列
1	2	4	8	16	32
3	3	5	9	17	33
5	6	6	10	18	34
7	7	7	11	19	35
9	10	12	12	20	36
11	11	13	13	21	37
13	14	14	14	22	38
15	15	15	15	23	39
17	18	20	24	24	40
19	19	21	25	25	41
21	22	22	26	26	42
23	23	23	27	27	43
25	26	28	28	28	44
27	27	29	29	29	45
29	30	30	30	30	46
31	31	31	31	31	47
33	34	36	40	48	48
35	35	37	41	49	49
37	38	38	42	50	50
39	39	39	43	51	51
41	42	41	44	52	52
43	43	45	45	53	53
45	46	46	46	54	54
47	47	47	47	55	55
49	50	52	56	56	56
51	51	53	57	57	57
53	54	54	58	58	58
55	55	55	59	59	59
57	58	60	60	60	60
59	59	61	61	61	61
61	62	62	62	62	62
63	63	63	63	63	63

124 未来的寿命

人的寿命是没有定数的。近年来西方国家曾就 17 家保险公司的调查，列成一份表，其方法选的是无病的 10 万人，逐年调查其死亡数以及生存的人数计入表中，设有投保的人，则根据此表，预计其未来的寿命怎么样？这样确定能保证其真实吗？大家试一试，依照此表计算十岁以下的人的寿命的预计会怎样？

例如：满 94 岁的人，请问今后有几年的平均寿命？

因 10 万人中能满 94 岁的有 184 人，能满 95 岁的仅 89 人，死亡的有 95 人。设此 95 人的死亡平均分布于一年之内，则前半年死亡的数与后半年相等。由 94 岁达到 95 岁的一年间，生存的 89 人，他们全部的生存年数是 89 年（每人 1 年），而死亡的 95 人，其所经历的年数是$\frac{184-89}{2}$（在一年中平均死亡）所以生存的与死亡的共经历的年数是$\frac{1}{2}(184+89)$ 即$\frac{184-89}{2}+89$。

仿此得$\frac{1}{2}(184+89)+\frac{1}{2}(89+37)+\cdots$

即$\frac{184}{2}+89+37+13+4+1$ 是全体共同经历的年数，以 184 人平分，得出没能生存的年龄是$\dfrac{\frac{184}{2}+89+37+13+4+1}{184}$岁即 94 岁的人其寿命尚有 $1\frac{13}{46}$年，死亡调查表如下：

年龄	死亡数	生存数	年龄	死亡数	生存数	年龄	死亡数	生存数	年龄	死亡数	生存数
10		100 000	33	742	84 089	56	1 375	62 094	79	2 192	15 277
11	676	99 324	34	750	83 339	57	1 436	60 658	80	1 987	13 290
12	674	98 650	35	758	82 581	58	1 497	59 161	81	1 866	11 424
13	672	97 978	36	767	81 814	59	1 561	57 600	82	1 730	9 694

年龄	死亡数	生存数	年龄	死亡数	生存数	年龄	死亡数	生存数	年龄	死亡数	生存数
14	611	97 367	37	776	81 038	60	1 627	55 973	83	1 582	8 112
15	731	96 636	38	785	80 253	61	1 698	54 275	84	1 427	6 685
16	671	95 965	39	795	79 458	62	1 770	52 505	85	1 268	5 417
17	672	95 293	40	805	78 653	63	1 884	50 621	86	1 111	4 306
18	673	94 620	41	815	77 838	64	1 917	48 704	87	958	3 348
19	675	93 945	42	826	77 012	65	1 990	46 754	88	811	2 537
20	677	93 268	43	839	76 173	66	2 061	44 693	89	663	1 864
21	680	92 588	44	857	75 316	67	2 128	42 565	90	545	1 319
22	683	91 905	45	881	74 435	68	2 191	40 374	91	427	892
23	686	91 219	46	909	73 526	69	2 246	38 128	92	322	570
24	690	90 529	47	944	72 582	70	2 291	35 837	93	231	339
25	694	89 835	48	981	71 601	71	2 327	33 510	94	155	184
26	698	89 137	49	1 021	70 580	72	2 351	31 159	95	95	89
27	703	88 434	50	1 063	69 517	73	2 362	28 797	96	52	37
28	708	87 726	51	1 108	68 409	74	2 358	26 439	97	24	18
29	714	87 012	52	1 156	67 253	75	2 339	24 100	98	9	4
30	720	86 292	53	1 207	66 046	76	2 303	21 797	99	3	1
31	727	85 565	54	1 261	64 785	77	2 249	19 548			
32	734	84 831	55	1 316	63 469	78	2 179	17 369			

125 三童分苹果

某人携一袋苹果共368只到家，分给两子一女。但平时这三个孩子分东西，均按年龄的大小而定，年龄大的多分，年龄 小的少分，所以长子得 9 只时，次子应得 8 只，长子得 3 只时，幼女应得 2 只。现在只知道三个孩子的年龄之和是 23，求每个孩子应得多少只苹果？每个孩子的年龄各是多少？

126 儿童妙语

某儿童刚到学校，老师问他的年龄，儿童答道：“父母生我的前一年，我姐姐的年龄是我母亲的$\frac{2}{9}$，现在我姐的年龄是我父亲的$\frac{1}{3}$。”老师说：“停，我问的是你的年龄，不是问你姐的年龄。”儿童说：“知道，我马上报告我的年龄。我现在的年龄是我母亲的$\frac{1}{4}$，3 年后我的年龄又将是我父亲的$\frac{1}{4}$，老师现在应该知道我的年龄了吧。”

这是一个极为简单的问题，读者或不难知道。但是别忘了中国的习惯是：出生的那年就算一岁。

127 八口之家

兄弟两人同室而居，各有一妻一子一女，其夫妻子女 4 人年龄之和均为 100 岁。更有趣的是，兄弟两人各自年龄的平方，各等于其妻、子、女 3 人年龄的平方和，但哥哥的女儿大于其儿子 2 岁，弟的儿子大于其女儿 1 岁，求各人的年龄？

128 母亲年龄

儿子问母亲说：“母亲，您的年龄多少？”母亲说：“我与你父亲及你 3 人年龄之和等于 60。”儿子又问父亲说：“父亲，您的年龄是多少？”父亲说："我的年龄是你的6倍。"儿子说："父亲的年龄有是我两倍的时候吗？"父亲说："有，我的年龄是你的2倍时，即我们3人的年龄的总和，是现在总和的2倍的时候。"儿子苦思良久，仍不知他母亲的年龄。母亲安慰他说："你先睡觉吧，别因用脑过度，导致头痛，明天我将详细地告诉你。"于是儿子不再苦思，三人都入睡了。请读者朋友算一算，三人的年龄各是多少？

129 夫妻的年龄

甲问乙说："你妻子的年龄多大了？"乙说："将我的年龄倒读，就是我妻子的年龄。"甲又问："既然这样，您的年龄多少？"乙说："我比我的妻子年龄大，而我与她年龄的差等于我与她年龄之和的$\frac{1}{11}$。试求乙与他妻子的年龄。

130 结婚时的年龄

18年前，某男与其妻子结婚时其年龄是其妻子年龄的3倍，而现在某男的年龄是其妻子年龄的2倍，求其妻子结婚时的年龄？

131 兄弟的年龄

兄弟两人对坐而谈，哥哥对弟弟说：“7 年后我 2 人年龄之和，将是 69 岁了！”弟说：“正是，我清楚地记得当你的年龄是我的 2 倍时，你与我现在的年龄相同。”哥哥笑说：“若让第三人听到我俩的谈话，他一定会陷入云里雾里不明白我俩现在的年龄。”读者能明白兄弟两人的年龄吗？

132 姐妹的年龄

有姐妹俩，其年龄之和是 48 岁。若妹妹将来的年龄 3 倍于姐姐年龄为妹妹的 3 倍时姐姐的年龄时，则那时妹妹的年龄将 2 倍于妹妹是姐姐现在年龄的一半时姐姐的年龄。以上所说，是我的朋友特意用来难为我的，我久思不能理解，因此写出来专门请教读者，相信读者中有聪明者，能帮我解开此题。

133 年龄妙算

某人在外经商 10 余年，回来后，他的弟弟已经生有两子 3 女，名阿大、阿二、阿三、阿四、阿五。某人问他们各自的年龄，他的弟弟指着阿四、阿五说：“此子年龄是此女年龄的 2 倍。”又指阿三说：“此女的年龄与阿五的年龄之和是阿四年龄的2倍。”没多长时间，阿二从外面回来，他的弟弟又说：“此子的年龄2倍于此二女的年龄。”阿大听说伯父回来，也连忙从外赶来见伯父，并对他说：“伯父，您很久没有见我了，还知道我现在已经24岁了吗？”他的弟弟又说：“真是奇妙！现在此三女的年龄之和，2倍于两子的年龄之和。”某人听完他们的介绍后很迷惑，除阿大的年龄外，其他几个孩子都不得而知。聪明的读者能替他解开迷惑吗？

134 聪明的长子

甲某自从结婚后，每隔1.5年必生一子，最后共生子15人。其长子聪明而狡黠，很招人喜爱。一天，有人问他的年龄多大了？他说：“我现在的年龄是我最小的弟弟的7倍。”请问读者能知晓他的年龄吗？

135 狗的年龄

有个孩子养一条狗，非常爱它。邻居问他的狗几岁了？孩子说：“我姐姐昨天曾说，5年前她的年龄是此狗的年龄4倍，而今年她的年龄仅为此狗的3倍，我也不知我的狗究竟几岁。”请求此狗的年龄。

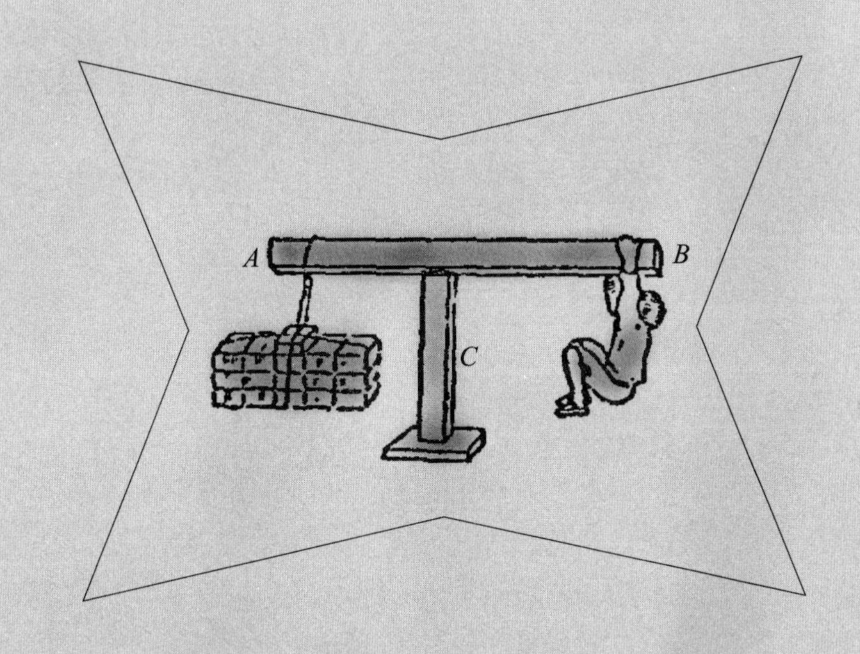

第六章

度量衡趣题

136 测算体重

AB 为一块木板，放到固定的 C 柱上，AB 板能上下活动，A 端吊 16 块的方砖（每块的质量 1.5 千克），B 端吊一个小孩时，两端质量平衡，如图所示。如小孩移到 A 端，则 B 端只需 11 块方砖，即能保持平衡。

请问，这个小孩的体重是多少?

137 巧称鹿重

甲、乙两猎户共获 1 只鹿，想要称其质量又没有器具，幸而有一木棒，把它支到树上，两人各握一端悬起来，让木棒成水平状态。接着乙挟鹿与甲交换其位置，则木棒平衡如故，已知甲重 60 千克，乙重 45 千克，请问鹿的质量应该是多少?

138 分牛肉罐头

某军官给 3 个营的士兵分牛肉罐头，分给第一营的罐头数量，比总的罐头数量的一半多半罐；分给第二营的罐头数量，是分给第一营的剩余罐头数量的一半也多半罐；分给第三营的也是如此。分完之后，尚余 1 罐，军官留作自食。请问最初有几个牛肉罐头？已知三次均未开罐而取其一半。

139 巧用砝码

甲某将质量为 40 千克的砝码碎为 4 块，以此 4 块，可称 1 千克至 40 千克的物品。请问 4 块的质量是多少？

140 愚农称草

某农人有草五捆，质量各异，每两捆合称一次，依照合理的组合共有十种不同的称法，其重量之和如下：110 千克，112 千克，113 千克，114 千克，115 千克，116 千克，117 千克，118 千克，120 千克，121 千克，请问各捆的重量是多少千克？

141 琵琶桶的争论

有甲乙丙三人同在朋友处，见庭院中有琵琶式木桶一只，盛有约一半的水。甲说："桶中的水必多于半桶。"乙说："应少于半桶。"两人为此争论不已，不相上下。丙出面为他们调停，他不用木棍等物测试桶中的水深，且只用一只手就解决了甲乙的争论。大家能知道丙究竟用什么方法折服甲乙的吗？

142 调和酒水

有甲乙两个瓶子，甲瓶盛一半的酒，乙瓶盛一半的水，从甲瓶取酒一勺放到乙瓶中，从乙瓶中取混合液一勺放到甲瓶中，请问从甲瓶取出的酒较从乙瓶取出的水，哪个多哪个少？

鲍尔说：此题多数人认为甲瓶取出的酒多于乙瓶取出的水，其实不是这样。李格斯则说两者相等。读者素来精通数理，思考一下其中的原因？

143 西医疑问

某西医对他的朋友说："今天早晨我在药店发现一个奇怪的问题，当时我先取一个瓶子，盛入酒精 10 毫升，后又取了一个瓶子，盛入水也是 10 毫升，然后我先取$\frac{1}{4}$毫升的酒精注入盛水的瓶子中，使之混合均匀，此时瓶中水与酒精的比大家很快就可得知是 40:1。我又取水酒的混合液体$\frac{1}{4}$毫升注入原酒精瓶中，此时两瓶中所盛的液体重量相等。但我一直不明白原盛酒精的瓶中，水与酒精的比究竟是多少？他的朋友苦苦地思考也不能说明，不知聪明的读者能解答此问题吗？

144 水与酒

乙某很富于想象。一天他赴朋友的宴会，迟到片刻，客人们想要罚他喝酒，乙某慢慢地说："我之所以迟到，是因为我在途中思考一道难题，一直未能解决，因而迟到了。我现在将此题告诉大家，大家若能答上来，我甘愿受罚。"客人们一致同意。于是乙某取来三个酒杯，第一杯盛酒半杯，第二杯、第三杯只盛酒$\frac{1}{3}$，随后又取水将各杯倒满，最后将三个杯中的液体共倒在一个大杯中正好装满，说："请大家告诉我，此大杯中水与酒各占几分之几？"客人们再三思考算不出来，乙某因此免除了惩罚。但不知乙某遇到读者朋友，是否也能免罚吗？

145 牛奶趣题

卖牛奶的这个人素来诚实，经常准备好牛奶供人们食用。每他天把牛奶盛到 B 桶中，水盛到 A 桶中，水量相当牛奶的两倍时，他把 A 桶的水倒在 B 桶中，使其体积增加一倍；再由 B 桶中倒出一半给 A 桶，使 A 桶又如原来的体积；再将 A 桶中的一部分倒入 B 桶中，使两者的量相等。经过这几次混合倾倒后，他才把 A 桶运到市场销售。请问供人们食用的牛奶，其水和奶的比例是多少？

146 取酒奇算

甲某有一只能装 10 升的瓶子和一只酒桶，桶中装满了酒。一天，他从桶中取酒一瓶，之后用水补进，待水酒融合均匀后，又取出一瓶，之后，又用水补足。此时桶中水酒的体积相等。求瓶子的容量是多少？

147 取 酒

甲某有两个能装10升的容器，并盛满了酒。另有5升和4升的瓶子各一个。他想要取酒 3 升盛到每一个瓶子中，但此时身边没有其他的量器可用。为此，他思考了半天，于是取各容器互相量盛，前后共 11 次，才让两个瓶子各盛 3 升酒，且没有丝毫损失，真令人钦佩！

请问甲某是如何量盛的呢？

148 巧妇分米

某乡有甲乙农夫两人，因丙要去市场买米，甲乙也要买米，就托丙代买，两人各买8升，丙也想买8升。于是丙带着24升的容器前往，回来后，甲持能装13升的容器来了，乙持能装11升的容器来了，而三家均没有升斗可以使用，正踌躇的时候，丙的媳妇拿着一个能装5升的容器来了。于是她利用此容器将所有的米辗转倾倒，9次后，甲乙丙的容器内各有8升米，于是他们满意而去。请问此妇人当时用的是什么方法?

149 酋长分马

西伯利亚商人甲某，有马17匹，临终遗嘱是这样说的：$\frac{1}{2}$给长子，$\frac{1}{3}$给次子，$\frac{1}{9}$给幼子。死后，三子分马，长子想要取九匹，他的弟弟反对他，说九匹马较17的$\frac{1}{2}$要多。相争不下，问计于酋长，酋长想出了一个妙策，极其巧妙地为哥仨个分配了遗产。大家可知道酋长的方法吗?

150 巧分鸡蛋

有人把鸡蛋 19 个分给三个儿子，长子取$\frac{1}{2}$，次子取$\frac{1}{4}$，幼子取$\frac{1}{5}$，而且不许打破一个蛋。它的方法是什么，读者知道吗?

151 分　酒

有 21 个酒瓶，其中 7 瓶装满了酒，7 瓶装了一半的酒和一半的水，还有 7 个空瓶。现在甲乙丙三人要均分此酒，而且每人各得 7 个酒瓶，请问应该怎么分?

152 方　箱

某金矿所采金长 12.5 寸、宽 11 寸、厚 1 寸的砖 800 块，装到长、宽相等的箱子中，请问箱子的大小是多少?

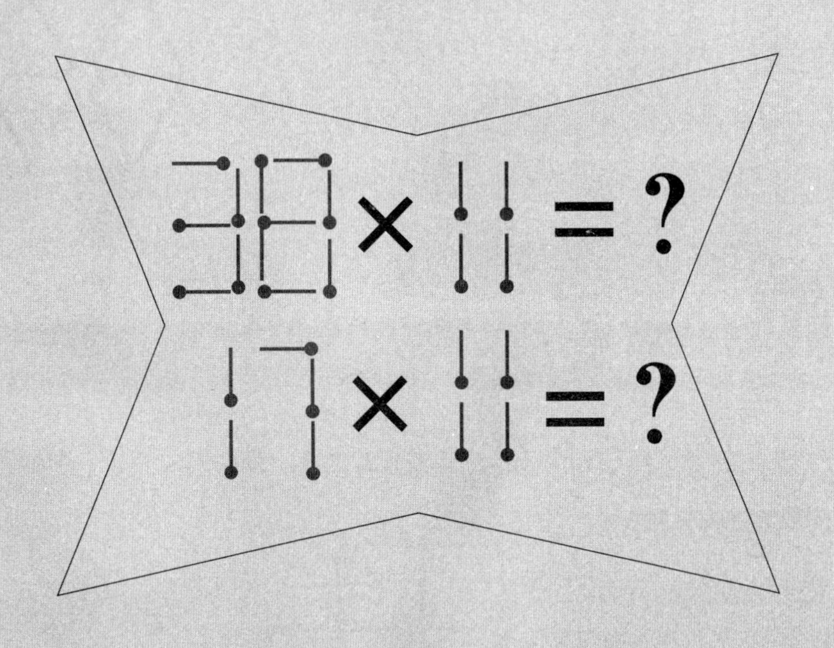

第七章

火柴趣题

153 火柴趣题（1）

火柴 12 根，摆成正六边形，如图所示，试拿掉三根（或四根，或五根），使之成 3 个正三角形。

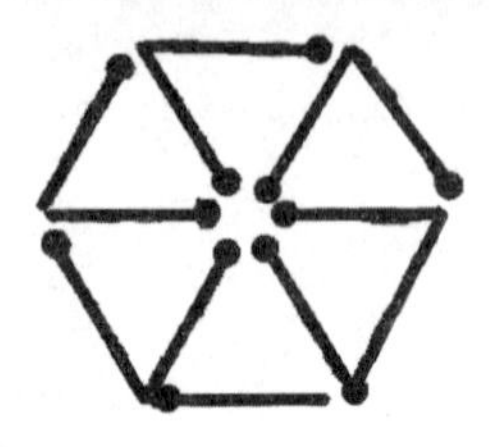

154 火柴趣题（2）

火柴 15 根，排成如图所示。现在拿掉 3 根，使它们成为 3 个小正方形。请问要拿走哪 3 根?

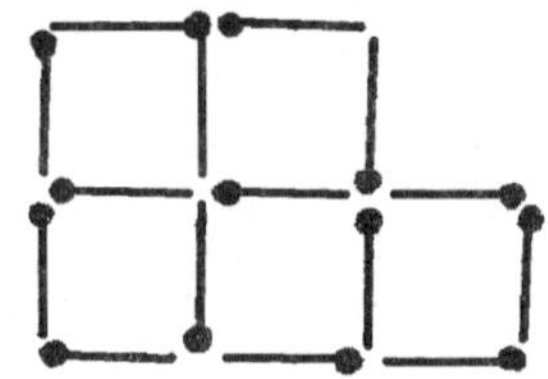

155 火柴趣题（3）

火柴 17 根，排成如图所示。试拿掉 6 根，使之成为三个正方形。请问要怎样拿?

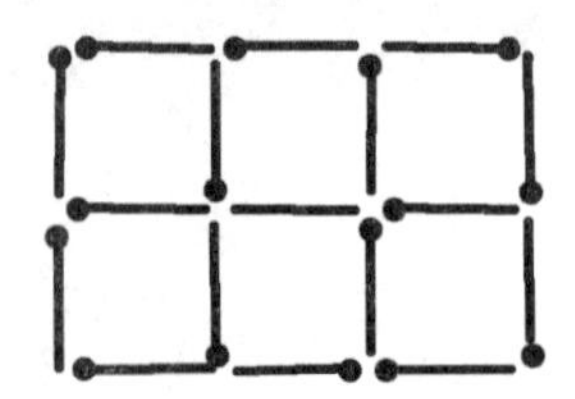

156 火柴趣题（4）

火柴 29 根，排成如图所示，试拿掉 6 根，使之成为 6 个正方形。请问要怎样拿？

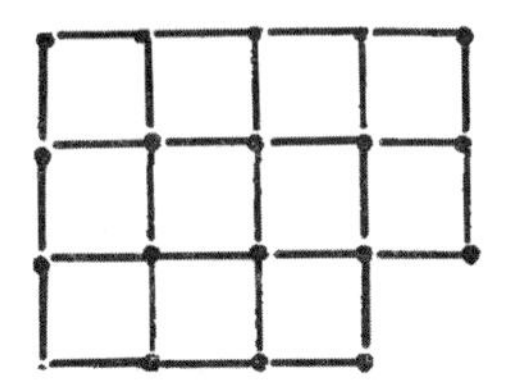

157 火柴趣题（5）

有火柴 12 根，排成如图所示，试移动 4 根到他处，使之成为 3 个相等的正方形。请问要怎样拿？

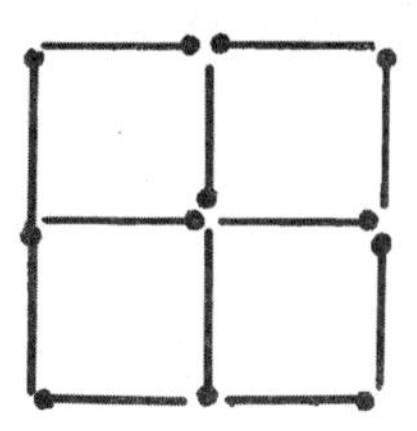

158 火柴趣题（6）

火柴 17 根，排成如图所示，试拿掉 5 根，成为 3 个正方形。请问要怎样拿？

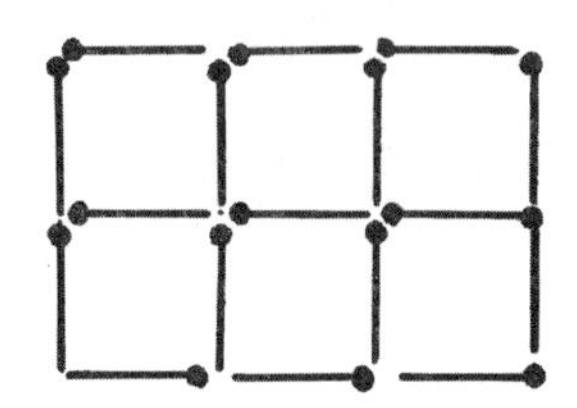

159 火柴趣题（7）

下列两个等式不对，请各移动其中的一根火柴，使两个等式都成立。

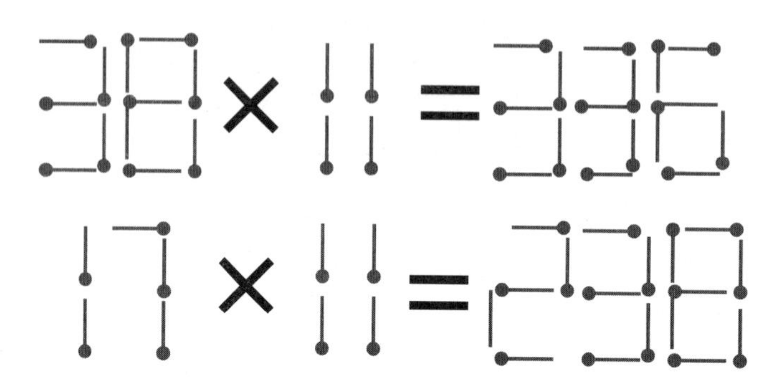

160 火柴趣题（8）

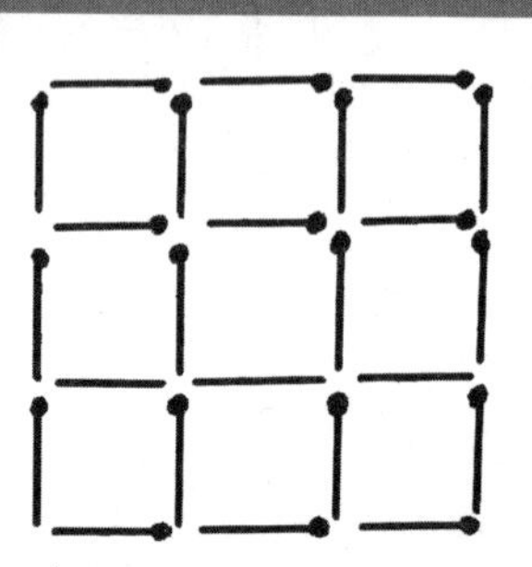

火柴 24 根，排成如图所示，试拿掉 8 根，成为正方形两个。其方法是什么？

161 火柴趣题（9）

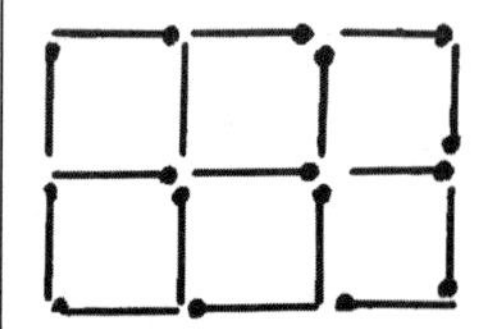

火柴 17 根，排成六个相等的正方形，试拿掉 6 根，而成为 2 个正方形。其方法是什么？

162 火柴趣题（10）

火柴 15 根，排成如图所示，试着移动 1 根，拿掉 3 根，请问所剩下的火柴能成为什么样的形状?

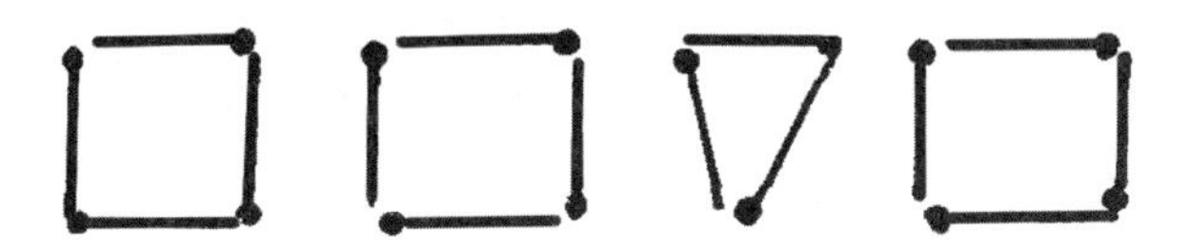

163 火柴趣题（11）

火柴 9 根，排成如图所示，试拿掉 3 根，剩下 6 根仍为 9，请问用什么样的方法?

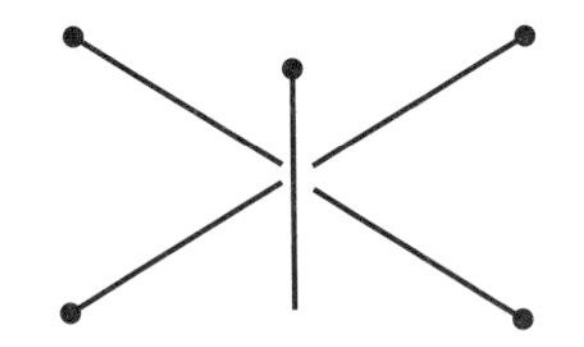

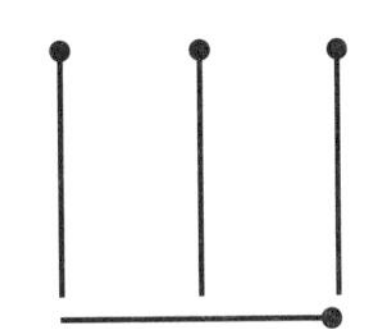

164 火柴趣题（12）

火柴 15 根，排成下图，现在想要拿掉 6 根，而成为 10，用什么方法?

165 火柴趣题（13）

火柴 6 根，再加 3 根，则成为 8，用什么样的方法?

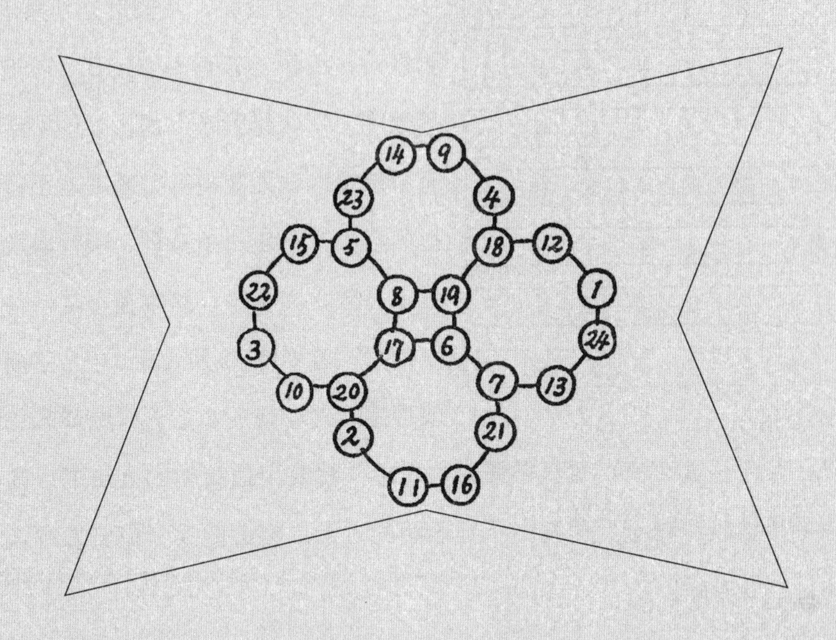

第八章

魔幻方阵

166 奇异纸条

1	2	3	4	5	6	7
1	2	3	4	5	6	7
1	2	3	4	5	6	7
1	2	3	4	5	6	7
1	2	3	4	5	6	7
1	2	3	4	5	6	7
1	2	3	4	5	6	7

在家待着没事，我偶然见到桌子上有7张纸条，纸条上各有1，2，3，4，5，6，7等数字，依次排列在上面，如图所示。忽然有所感悟，认为能将其分割成若干份，另行排列成幻方，使每条直列、横行以及两对角线上各数之和相等，这难道不是一件快乐的事情吗？若割成49份，每份一个字而排列，成功是非常容易的。但这样做就未免有些繁琐，且无乐趣可言。要获得最大的乐趣，就要用最简单的方法来分割，且分割的份数越少越好。读者中不乏聪明的人士，想必能找到最佳的方法，去拿起来试一试吧？

167 移转数字成方阵

用自然数1~25排成正方形，交换其中数字，成为方阵，但交换的次数越少越妙。（所谓方阵就是每行每列的数值之和相等。）

1	2	3	4	5
6	7	8	9	10
11	12	13	14	15
16	17	18	19	20
21	22	23	24	25

168 奇次幻方的造法

用奇次幻方各边的中点，连成直线，又成一个正方形，在其内排列 1，2，3，…，n^2 中各奇数，2，4，6，…，n^2 中各偶数，放在四个角，也是幻方中的奇妙的境地。下面图 1 是五次幻方，每行九数之和是 65。

14	10	1	22	18
20	11	7	3	24
21	17	13	9	5
2	23	19	15	6
8	4	25	16	12

图 1

图 2 是九次幻方，每列九数之和是 369，这种方阵的造法有很多种，非常奇特，大家知道吗？

42	34	26	18	1	74	66	58	50
52	44	36	19	11	3	76	68	60
62	54	37	29	21	13	5	78	70
72	55	47	39	31	23	15	7	80
73	65	57	49	41	33	25	17	9
2	75	67	59	51	43	35	27	10
12	4	77	69	61	53	45	28	20
22	14	6	79	71	63	46	38	30
32	24	16	8	81	64	56	48	40

图 2

169 四四方方阵的新研究

1. 方阵的意义

四四方方阵就是将 1~16 的十六数列成方阵，且纵横对角线上各数之和相等。

2. 方阵的性质

四四方方阵的性质有六个部分；

（1）凡是 1，2，3，4 与 16，14，15，13 各数，适合在对称的格内；

（2）凡是 5，6，7，8 与 9，10，11，12 各数，适合在对称的格内；

（3）四奇数四偶数，不宜在同行同列；

（4）凡是相连的两数，如 1 与 2，3 与 4，5 与 6，不宜在同行同列；

（5）凡是 1 与 3，5，9 三数，2 与 4，6，10 三数，3 与 7，11 两数，10 与 8，12 两数，都不宜在同行同列；

（6）凡是不宜在同行同列的数，也不宜在一个对角线上。

3. 方阵的造法

先做纵四横四的方格，用 1~16 的十六个数，顺列填入格内，如图所示。

1	2	3	4
5	6	7	8
9	10	11	12
13	14	15	16

反复用各数互相对换，则纵横对角各四数之和均等于 34，这种对换的方法是无穷的，所以可造的方阵也是无可算出的。现在用各种不同的方法，对换其数字，变图为 1~16 各图，而让 1~16 各数，按顺序列在左行首格，并用对换的图形附列于下。附图中所用的……线，

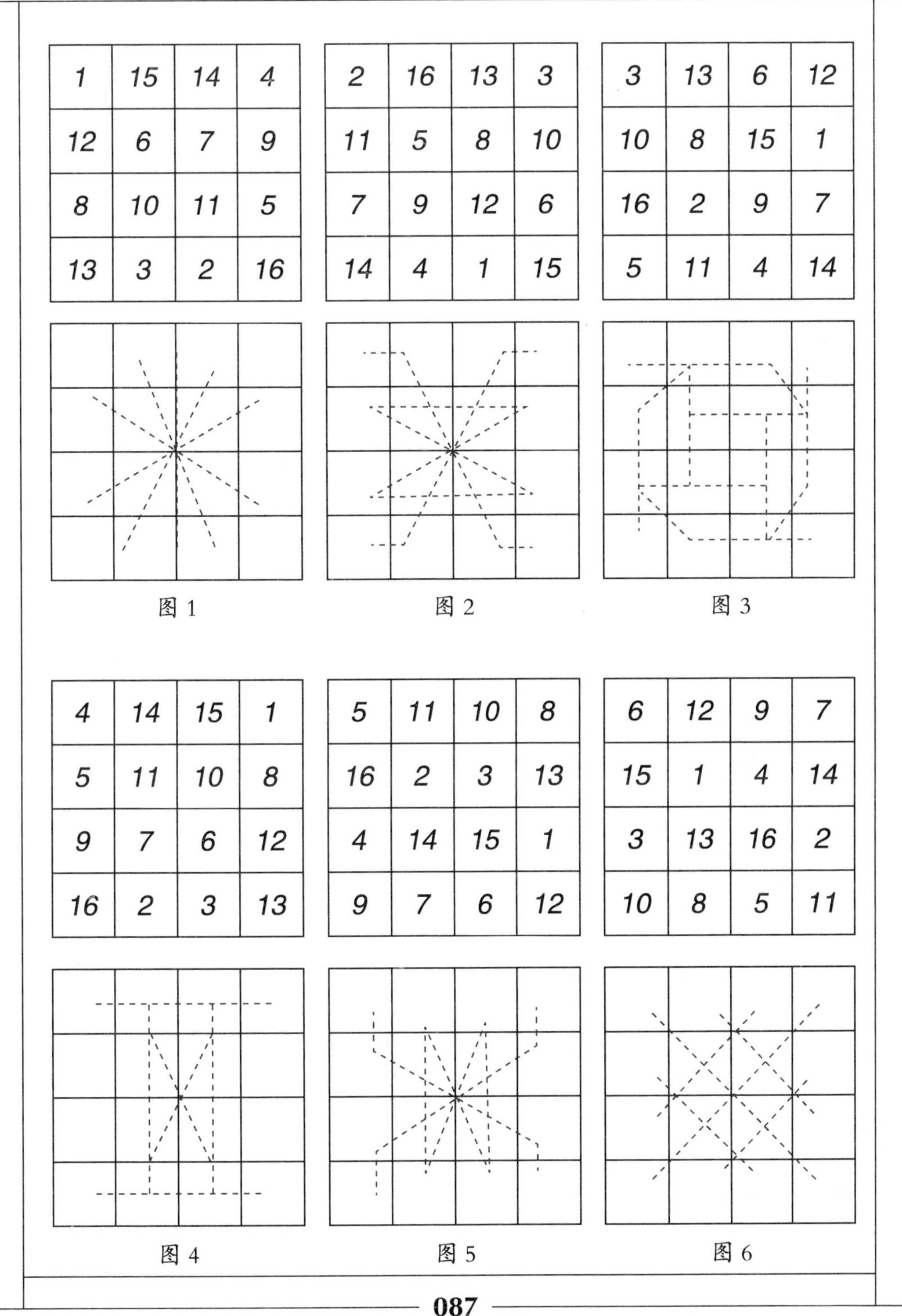

1	15	14	4
12	6	7	9
8	10	11	5
13	3	2	16

图 1

2	16	13	3
11	5	8	10
7	9	12	6
14	4	1	15

图 2

3	13	6	12
10	8	15	1
16	2	9	7
5	11	4	14

图 3

4	14	15	1
5	11	10	8
9	7	6	12
16	2	3	13

图 4

5	11	10	8
16	2	3	13
4	14	15	1
9	7	6	12

图 5

6	12	9	7
15	1	4	14
3	13	16	2
10	8	5	11

图 6

表示此数与另一数的对换位置，……表示第二次的对换位置。

7	9	12	6
14	4	1	15
2	16	13	3
11	5	8	10

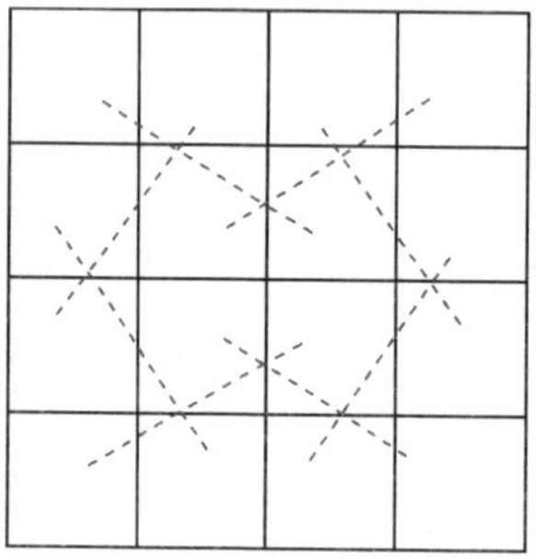

图 7

8	11	10	5
1	15	14	4
13	3	2	16
12	7	6	9

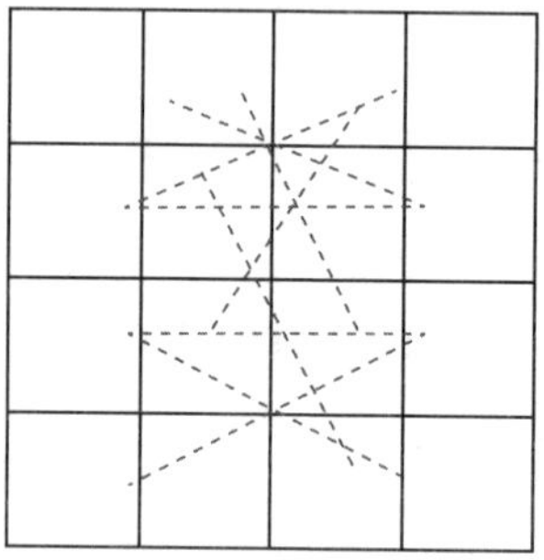

图 8

9	7	16	2
4	14	5	11
6	12	3	13
15	1	10	8

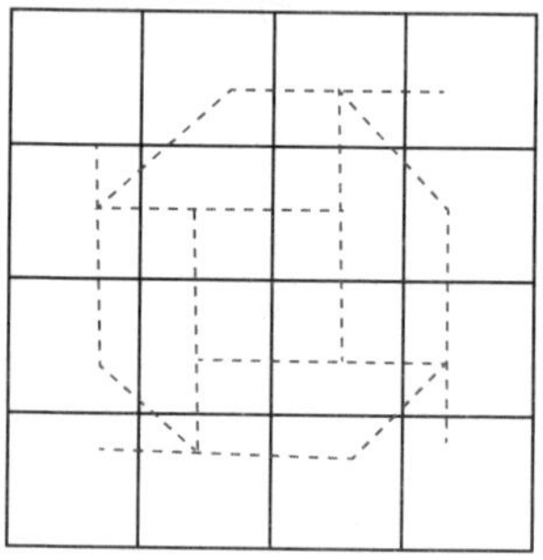

图 9

10	8	5	11
3	13	16	2
15	1	4	14
6	12	9	7

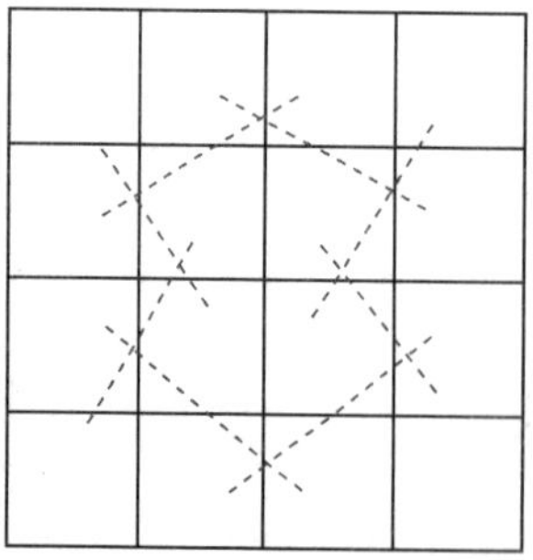

图 10

11	5	8	10
2	16	13	3
14	4	1	15
7	9	12	6

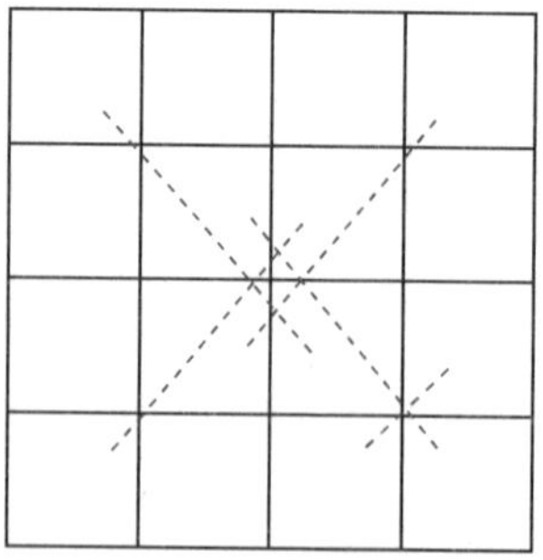

图 11

12	6	7	9
1	15	14	4
13	3	2	16
8	10	11	5

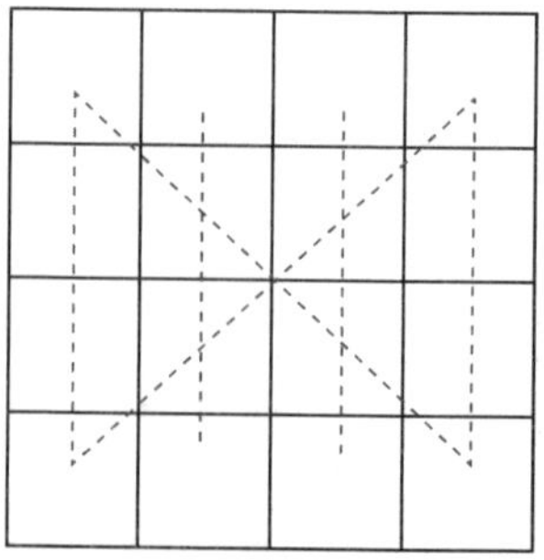

图 12

13	2	3	16
8	11	10	5
12	7	6	9
1	14	15	4

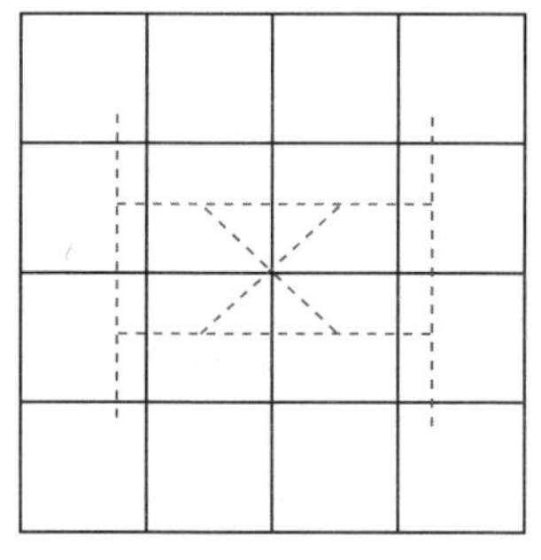

图 13

14	1	4	15
11	8	5	10
7	12	9	6
2	13	16	3

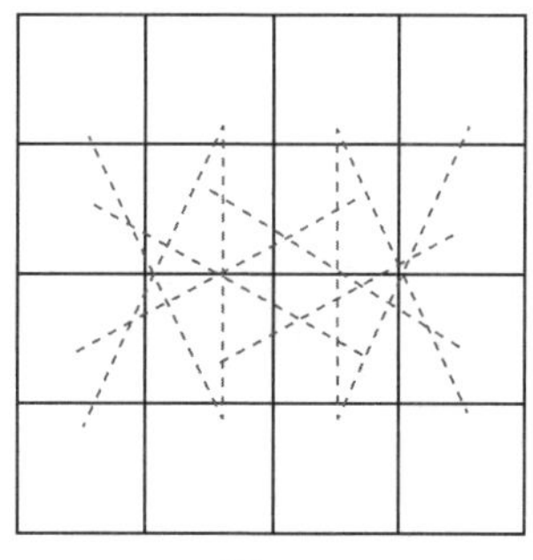

图 14

15	1	4	14
6	12	9	7
10	8	5	11
3	13	16	2

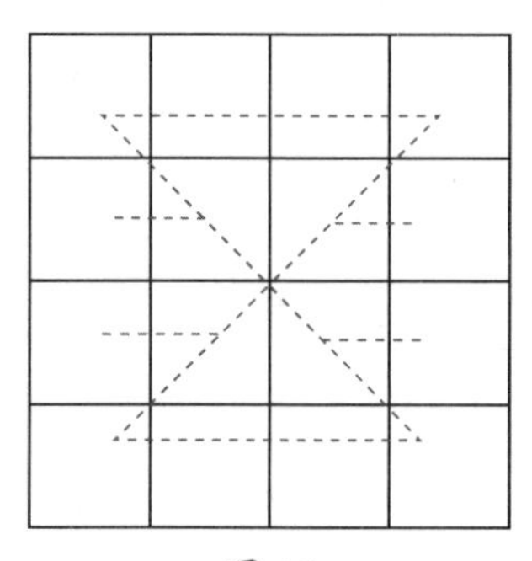

图 15

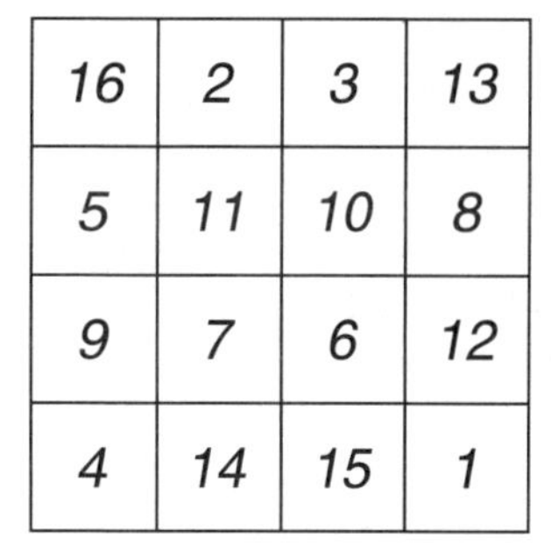

16	2	3	13
5	11	10	8
9	7	6	12
4	14	15	1

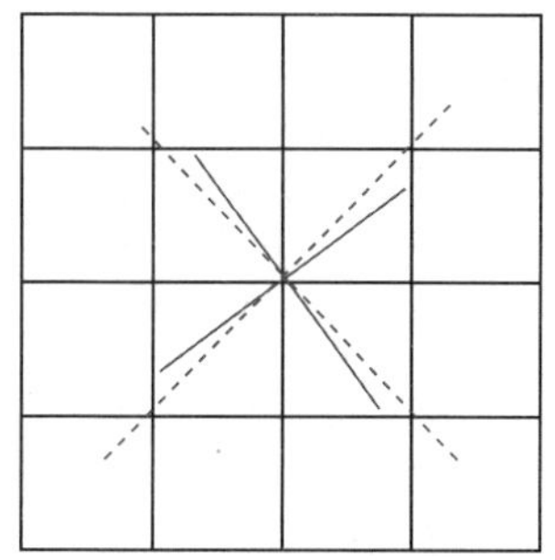

图 16

4. 方阵的变化

上列图中用第一、三列的数与第二、四列的数对换，则一圈可变二圈。若以一图四面旋转，则一图能变四图，又以每图的反面旋转，则一图又能变四图，如此变化无穷，所以这种方阵是无法算出的。因为限于篇幅，仅仅列举十六图为例，海内外的有识之士，如果能用四四方方阵的各种图形，以及六六八八等方阵的变化来补全，也是方阵的一大奇观！

170 同心方阵

一个方阵的四边，若依次各增一行，所成的形状仍是方阵。则这种方阵名为同心方阵。下列数图就是这种例子。

23	1	2	20	19
22	16	9	14	4
5	11	13	15	21
8	12	17	10	18
7	25	24	6	3

图 1

23	1	2	20	19
22	12	11	16	4
5	17	13	9	21
8	10	15	14	18
7	25	24	6	3

图 2

23	1	2	20	19
22	14	15	10	4
5	9	13	17	21
8	16	11	12	18
7	25	24	6	3

图 3

23	1	2	20	19
22	10	17	12	4
5	15	13	11	21
8	14	9	16	18
7	25	24	6	3

图 4

46	1	2	3	42	41	40
45	35	13	14	32	31	5
44	34	28	21	26	16	6
7	17	23	25	27	33	43
11	20	24	29	22	30	39
12	19	37	36	18	15	38
10	49	48	47	8	9	4

图 5

77	1	2	3	4	72	71	70	69
76	62	17	18	19	58	57	56	6
75	61	51	29	30	48	47	21	7
74	60	50	44	37	42	32	22	8
9	23	33	39	41	43	49	59	73
14	27	36	40	45	38	46	55	68
15	28	35	53	52	34	31	54	67
16	26	65	64	63	24	25	20	66
13	81	80	79	78	10	11	12	5

图 6

1	35	34	5	30	6
33	11	25	24	14	4
8	22	16	17	19	29
28	18	20	21	15	9
10	23	13	12	26	27
31	2	3	32	7	36

图 7

1	35	30	5	34	6
33	11	24	25	14	4
28	18	21	20	15	9
10	22	17	16	19	27
8	23	12	13	26	29
31	2	7	32	3	36

图 8

1	63	62	4	5	59	58	8
56	15	49	48	19	44	20	9
55	47	25	39	38	28	18	10
11	22	36	30	31	33	43	54
53	42	32	34	35	29	23	12
13	24	37	27	26	40	41	52
14	45	16	17	46	21	50	51
57	2	3	61	60	6	7	64

图 9

1	99	98	5	94	9	90	13	86	10
97	19	81	80	22	23	77	76	26	4
6	74	33	67	66	37	62	38	27	95
93	73	65	43	57	56	46	36	28	8
12	29	40	54	48	49	51	61	72	89
87	71	60	50	52	53	47	41	30	14
16	31	42	55	45	44	58	59	70	85
84	32	63	34	35	64	39	68	69	17
18	75	20	21	79	78	24	25	82	83
91	2	3	96	7	92	11	88	15	100

图 10

171 等距幻方

用 1~n 各数的平方，排成方阵，使连结各数的距离相等，也是幻方中的奇观。图 1 是八次幻方，每行每列之和各是 260，唯独两个对角线上之和不是 260，这是一憾事。

然而若将其周行的径连成折线，如图 2 所示，具有对称形状，也是颇为有趣的。图 1 可分为 4 个四次幻方，其和各为 130，又可分为 16 个两次幻方阵，每 4 数之和均为 130，这又是这种方阵的特点。

图 3 也是等距幻方，它的周行之径如图 4，纵横对角之和各为 260，没有违背幻方的规则，唯独没有图 1 的特点。

1	48	31	50	33	16	63	18
30	51	46	3	62	19	14	35
47	2	49	32	15	34	17	64
52	29	4	45	20	61	36	13
5	44	25	56	9	40	21	60
28	53	8	41	24	57	12	37
43	6	55	26	39	10	59	22
54	27	42	7	58	23	38	11

图 1

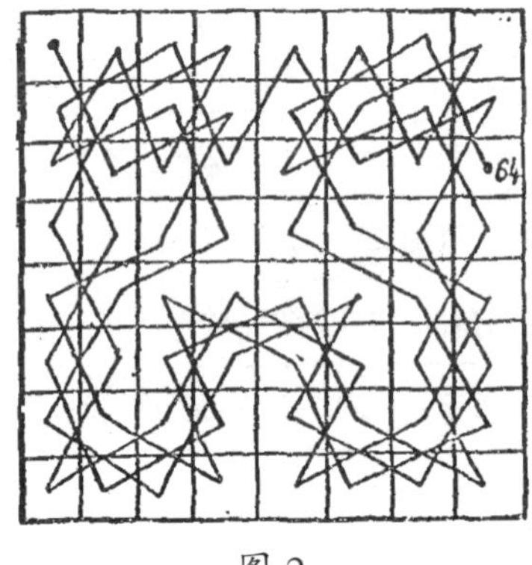

图 2

50	11	24	63	14	37	26	35
23	62	51	12	25	34	15	38
10	49	64	21	40	13	36	27
61	22	9	52	33	28	39	16
48	7	60	1	20	41	54	29
59	4	45	8	53	32	17	42
6	47	2	57	44	19	30	55
3	58	5	46	31	56	43	18

图 3

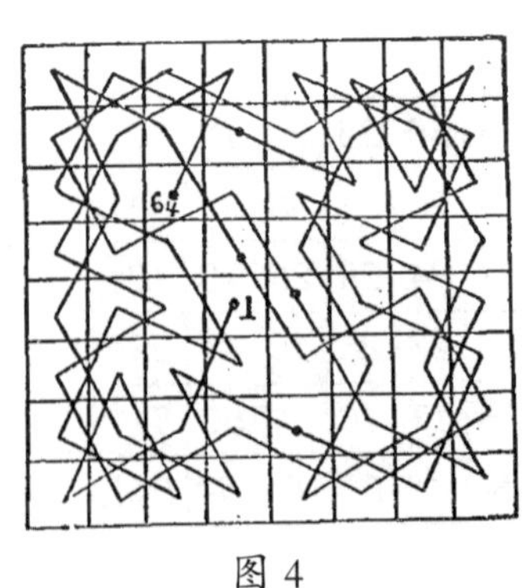

图 4

质数幻方

关于质数幻方的问题，H.E. 杜德尼的初论刊登在 1900 年 7 月 22 日和 8 月 5 日星期周报中，近三四年间，引起美国数学家的关注，从事这方面研究的不乏其人。其次数由 3 到 12 的都有所发现，而各个幻方则取其常数是最小的。如表曾载于 1913 年 10 月芝加哥月报。

次 数	数字的总和	最小的常数	幻方制作者
3	333	111	亨得利登，Honry. E. Dudo
4	408	102	彼格胡尔特，Ernest Bergholt 修而德罕， O. D. Sholdam
5	1065	213	塞莱斯，H. A. Sayles.
6	2448	408	修德罕，C. D. Shuldham. 门塞，J. N. Mnnecy.
7	4893	699	同上
8	8912	1114	同上
9	15129	1681	同上
10	24160	2416	门塞，J. N. Mnncey
11	36905	3355	同上
12	54168	4514	同上

173 九篮梅子

水果商甲某有9个篮子，用来装鲜美的梅子。排列如图所示。成为一个幻方，3直列3横行以及两对角线上任意取3个篮子，梅子的总数不变。一天甲某对其店员乙某说，若任意取出1个篮子，等分梅子给任何数的儿童，唯独儿童的数与其所得梅子的数，都不得是1，乙千方百计地试验，都不能得出结果。根据上面所讲的故事，列举出它的幻方形状？

174 合数幻方

前面所讨论的是质数幻方，而此题则是关于合数幻方。想要用相连的9个合数排成幻方，而数值则取其最小的，请问是哪9个数？

175 T形幻方

从前有个西方人对幻方这项颇有研究，游历中国后说，“华人已经很早探得幻方的奥秘，我所掌握的不过是皮毛而已。”这对下一题的困难是有借鉴意义的。有个华人对他说，我有一个幻方，共 25 格，上面有九格，组成 T 形，如图。您试着排一排 1~25 的 25 个数在这个方格中，成为一个幻方。然而 T 中八数必是质数或 1（注：1~25 中共有九个质数，即 2，3，5，7，11，13，17，19，23，加上 1 共 10 个数），可任意选择其中的八数排在 T 中。

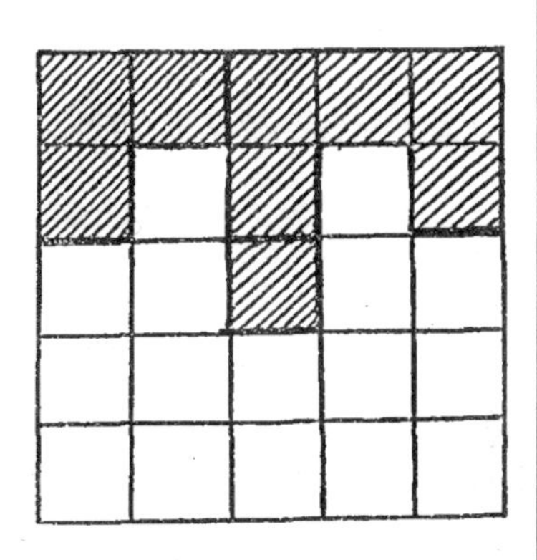

176 纸牌幻方

取扑克牌一副，去掉其中的 J，Q，K，共 12 张，尚有 40 张，若取如图的 9 张排成一个幻方，各行相加的值，（不问同类或异类的排法）都是 15，这是很容易的。若在这 40 张牌中，任意去掉 4 张，而排其余 36 张为 4 个幻方，各方所加之值互不相同，则觉得有些难，然而稍加思索，没有排不成的幻方。

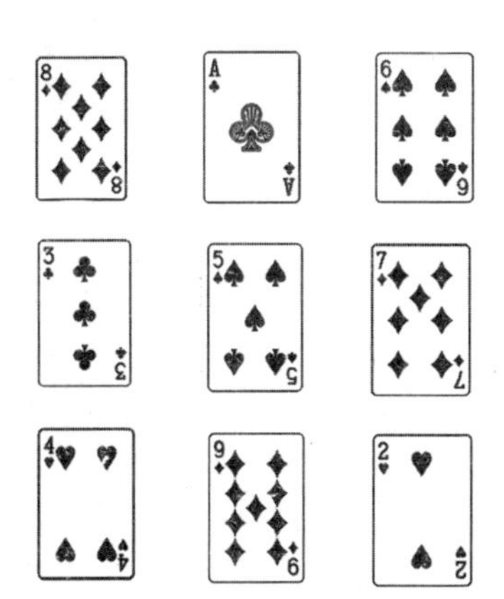

177 二度幻方

我读过一本法国数学家的书，得出下面的记载。皮菲否门氏造出一个二度幻方，它的形状是排 1~64 共 64 个数，所成的幻方各直列横行及两对角线上的和相等，而且各数平方之和也相等，其余就是所要解答的方法。长期以来，因为它有一个奇异的定律，此题虽难，因为它而产生一个定律，也可以作为报答之意在里面，读者不妨试一试？

178 斯奇幻方

Gearge Salter 发明一个新奇的幻方，如图所示，它的特点有很多种。

（1）每行每列每一对角线上 11 数之和均为 671；

（2）在粗线的小方格内，每一对角线上两数之和，均等于 122；

（3）数字外有圆圈的数 9 个，成为一个三次幻方，它的和是 183。

166	109	78	14	15	71	6	7	34	114	117
13	16	56	107	108	43	115	116	84	5	8
42	81	68	87	35	33	41	86	82	80	36
113	110	83	11	10	63	3	2	37	121	118
12	9	39	112	111	59	120	119	85	4	1
74	53	75	50	22	61	69	52	47	48	70
27	26	64	97	94	62	19	78	57	105	102
96	95	58	28	25	60	104	103	65	20	17
67	49	40	46	76	89	73	45	54	55	77
89	31	66	90	93	79	22	23	38	98	101
91	92	44	29	32	51	99	100	88	21	24

179 新幻方

试取 1 至 16 共 16 个数，排成减幻方，使各直列横行及两对角线上第二数减去第一数之差，在第三数中减去它，还要在第四数中减去它所得的差是常数。又试排同列的除幻方使各直列横行两对角线上，用第一数除第二数之商除第三数，还要用它的商除第四数，它所得的商是常数。

180 加、减、乘、除幻方

加的幻方发明的时间特别早，而乘幻方则在 18 世纪开始才有发明的人。读 1897 年琐碎杂志，才知道发明者的姓名。1898 年星期四周报有关于除幻方的讨论，现在还有介绍减幻方的，这四类幻方有必要再重新讨论。

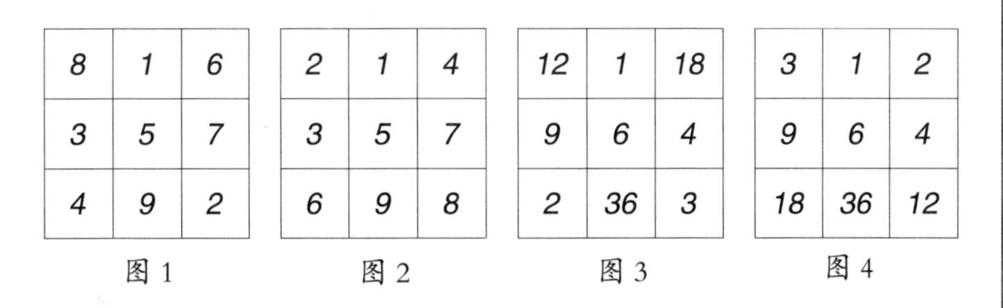

8	1	6
3	5	7
4	9	2

图 1

2	1	4
3	5	7
6	9	8

图 2

12	1	18
9	6	4
2	36	3

图 3

3	1	2
9	6	4
18	36	12

图 4

上面的四个图是三次加、减、乘、除幻方的实例。图 1 是加幻方，各直列横行及两对角线上三数之和是常数 15。图 2 是减幻方，各行上从第三数减去第一数、第二数之差，所得的差常数是 5。第一、二、三次序向两方面均可，然而避开负数是最佳的方法。不要以为从各行两端数之和中，减去中间一数，就是它的差的值，这是本来就没有变化的。由加、减幻方得出两个概念：其一是减幻方是颠倒加幻方两对角线上数字所成的形状。其二是减幻方常数之值，是用列数除加幻方常数之商的值。

图 3 是乘幻方，各行上三数连乘的积是常数 216，应当注意的是，加幻方无需是连接数字，而是依照等差级数排列而成。

例如： 1 3 5

4 6 8

7 9 11

各横行的公差是 2，各直列的公差是 3，这九个数字可以排成加幻方。若公差是 1 和 3，则九数字应当连结，仅公差是 1、3 时是有的，若是乘幻方各数，则不依照等差级数，而是依照几何级数排列。

例如： 1 3 9

2 6 18

4 12 36

各横行的等比是 3，各直列的等比是 2，这九个数字可以排列成乘幻方，而排法则与加幻方相同。图 4 是除幻方，各行上第三数（任何方向）是第一数除第二数之商，所除得值是常数 6，或用中间一数除余下的两数，相乘之积也是可以的。由乘、除幻方又可以得出两个概念：其一是除幻方是颠倒乘幻方两对角线上数字所得的形状。其二是除幻方的常数是乘幻方常数开三次方的值。还要举出五列减、乘、除幻方的实例如下。可见与上述四个概念也特别相似，所不同的是减幻方在加幻方上不特意颠倒其对角线上的数字，并且交换其对边中央的数字。

17	24	1	8	15
23	5	7	14	16
4	6	13	20	22
10	12	19	21	3
11	18	25	2	9

加幻方图

9	24	25	8	11
23	21	7	12	16
22	6	13	20	4
10	14	19	5	3
15	18	1	2	17

减幻方图

54	648	1	12	144
324	16	6	72	27
8	3	36	432	162
48	18	216	81	4
9	108	1296	2	24

乘幻方图

24	648	1296	12	9
324	81	6	18	27
162	3	36	438	8
48	72	216	16	4
144	108	1	2	54

除幻方图

列数是奇数时，各幻方的排列特别容易，若是偶数就不是这样了。关于偶数幻方，除上列两题外，剩下的就是由读者自己推敲求得。

181 等积幻方

用若干数排成方阵，使每行每列以及每一条对角线上各数相乘，它的积相等，这就是所说的等积幻方。造法共有四种，分列如下：

1. 指数法

如果想要造三次方阵，现将 0，1，2，…，8 九数排成方阵，如图所示。之后用此阵中各数作为 2 的指数，如图 2 所示，把各数展开如图 3 所示，它

的积是 2^{12}，即 4096。

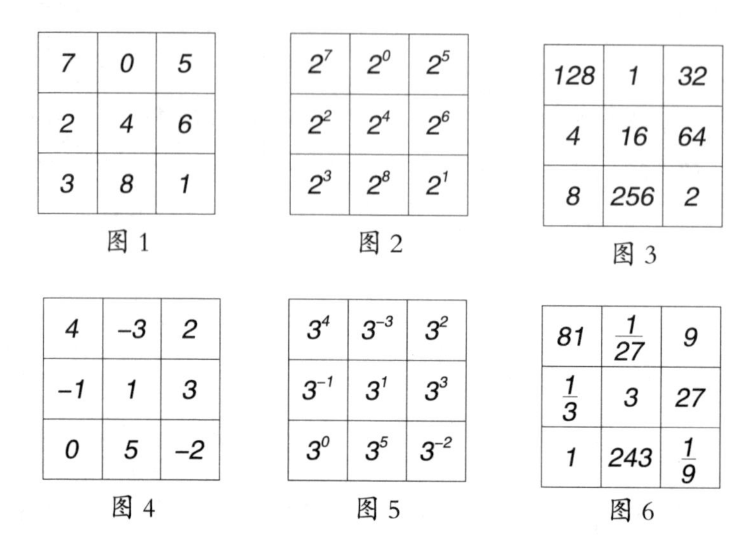

图 6 也是依照上述方法造成的，不同的是指数有负数。

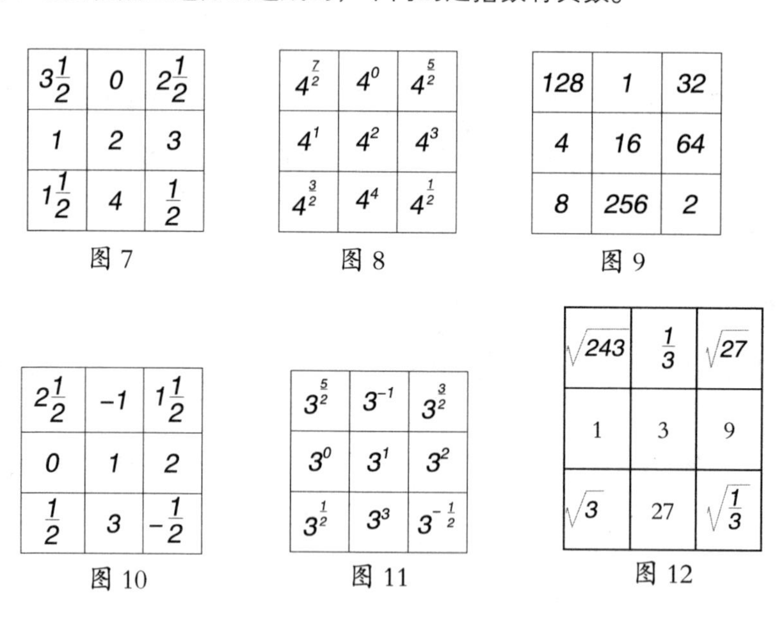

图 9 及图 12 的造法，也是与上面的相同，不同的是它们中有分数指数及负分数指数。

2. 哈耶氏指数法

先造出两个附方，如图 13、图 14，用 2，5 为因数，用 0，1，2 为指数，之后用两附方中相应格内的两数相乘，填入图 15，每行积是 1000。附方中两因数，（即图 15 的 2 与 5）不必定为异数，就是用相同的数也没什么不可，不同的是用同数时，必须注意指数，不要使同一个数再出现在方阵中。

2^0	2^2	2^1
2^2	2^1	2^0
2^1	2^0	2^2

图 13

5^1	5^2	5^0
5^0	5^1	5^2
5^2	5^0	5^1

图 14

5	100	2
4	10	25
50	1	20

图 15

图 18 是四次等积幻方，图 16、图 17 两图是其附方，每行积是 21 000。

3^0	5^1	5^2	3^1
3^1	5^2	5^1	3^0
5^1	3^0	3^1	5^2
5^2	3^1	3^0	5^1

图 16

2^1	2^0	2^2	7^1
2^2	7^1	2^1	2^0
7^1	2^2	2^0	2^1
2^0	2^1	7^1	2^2

图 17

2	5	100	21
12	175	10	1
35	4	3	50
25	6	7	20

图 18

3. 比 法

先造图 19，使每个纵横行相邻两数的比相等，然后排列这 9 数成为图 20，则成为等积幻方，其积是 216。

图 24 也是等积幻方，其积是 14 400，并且它的相补的对角线如 $24\times30\times5\times4$，$30\times2\times4\times60$ 等，也是 14 400，这是尤为奇妙的。它的方

法是图 21，之后用第一列 1，2，5，10 排成图 22，用第一行 1，3，4，12 排成图 23，然后用图 22、图 23 两图相应格内的数相乘，则成为图 24。

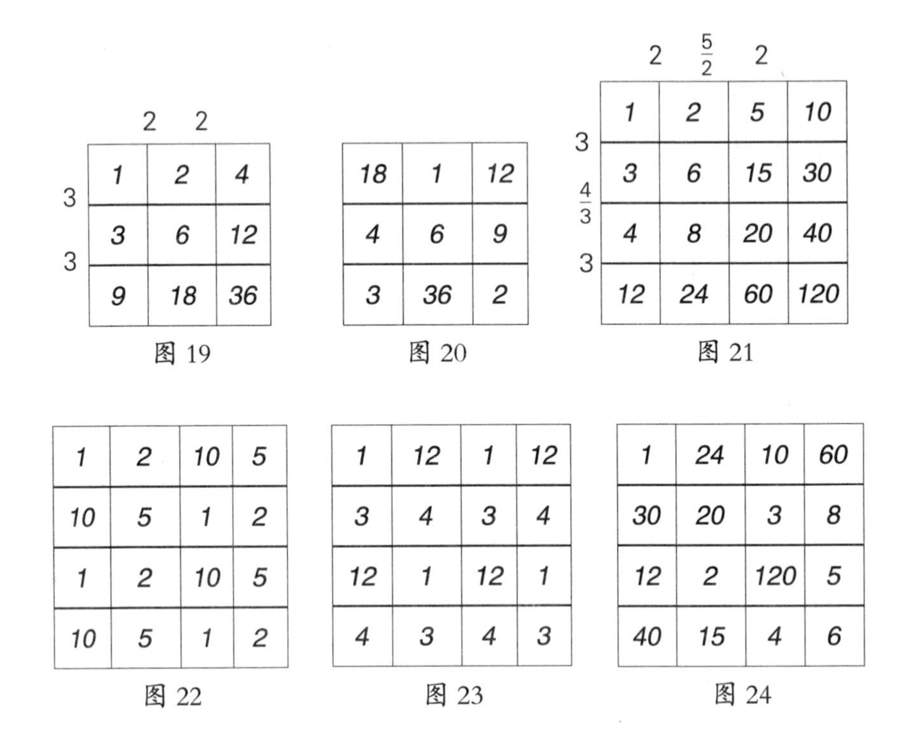

1	2	4
3	6	12
9	18	36

图 19

18	1	12
4	6	9
3	36	2

图 20

1	2	5	10
3	6	15	30
4	8	20	40
12	24	60	120

图 21

1	2	10	5
10	5	1	2
1	2	10	5
10	5	1	2

图 22

1	12	1	12
3	4	3	4
12	1	12	1
4	3	4	3

图 23

1	24	10	60
30	20	3	8
12	2	120	5
40	15	4	6

图 24

4. 因数法

先造两个附方，每方中含有 n 个不同的数，然后用两个附方中相应的格内两数相乘，即得等积幻方。例如：图 25、图 26，这两个附方，它们所用两组的数是 1，2，3，4 和 1，5，6，7，而图 27 就是造成的幻方，每行的积是 5 040。

1	3	4	2
2	4	3	1
3	1	2	4
4	2	1	3

图 25

1	5	6	7
6	7	1	5
7	6	5	1
5	1	7	6

图 26

1	15	24	14
12	28	3	5
21	6	10	4
20	2	7	18

图 27

182 奇妙的五边形

用 1~50 各数，排列在 5 个互相容纳的五边形的顶点及各边的中点上，使每周及垂线上各数之和是 255， 这也是魔阵的奇观！

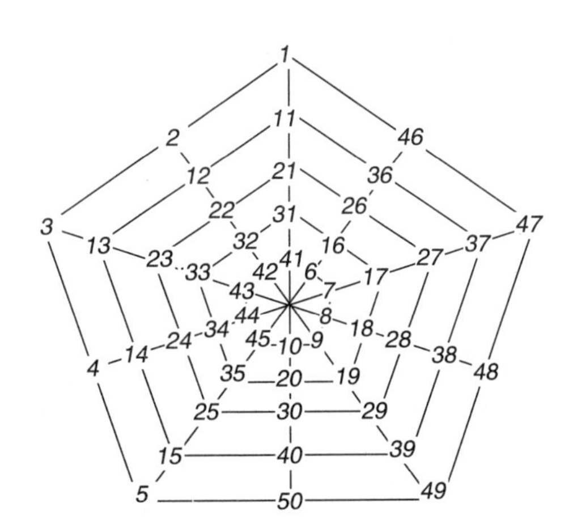

183 奇妙的多角形

如图 1 三角形的每圈及垂线上各数之和都是 57。

如图 2 正方形每圈及对角线上垂线上和中各数之和都是 132。

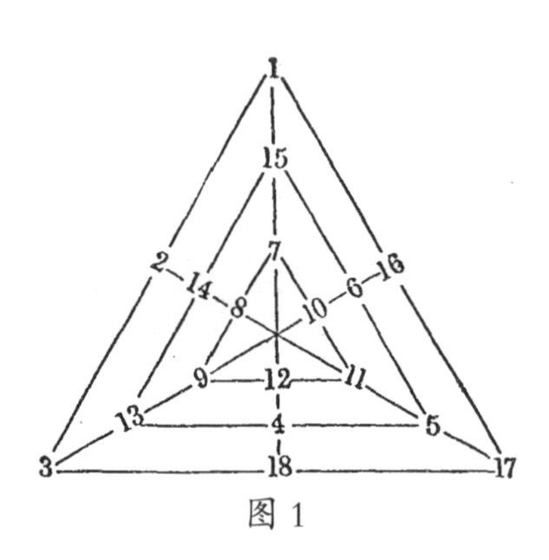

图 1

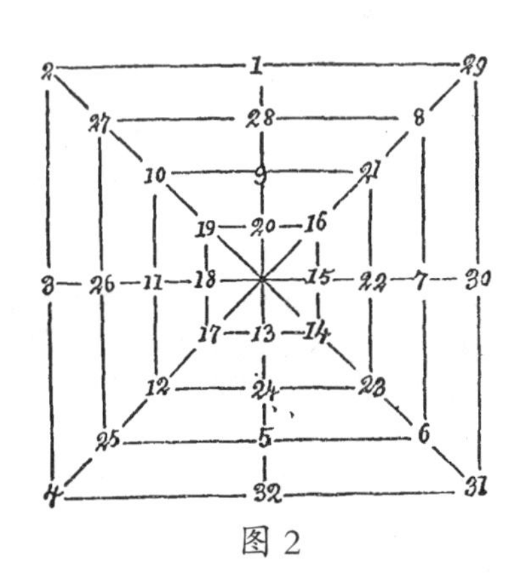

图 2

如图 3 三角形每圈各数之和是 60，三角形中垂线上各数之和是 70。

如图 4 正方形每圈各数之和是 136，对角线及平分线各数之和都是 153。

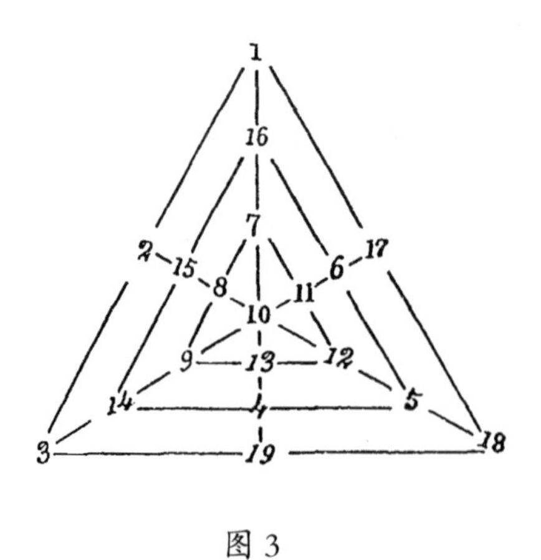

图 3

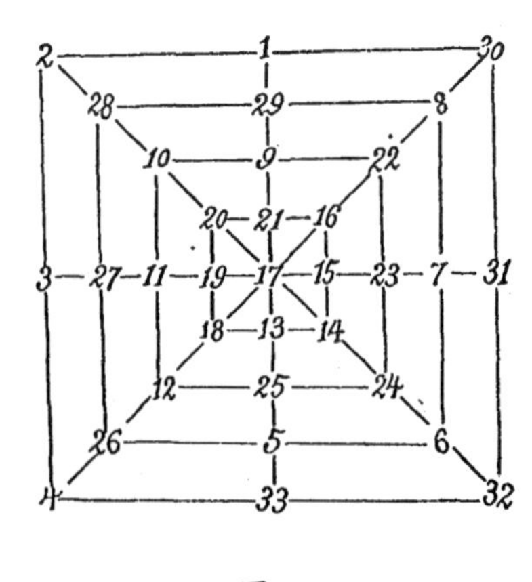

图 4

184 奇妙的弧三角形

作弧三角形如图所示，在其顶点及各弧的中点，排列 1 到 18 各数，则有以下的各种特点。

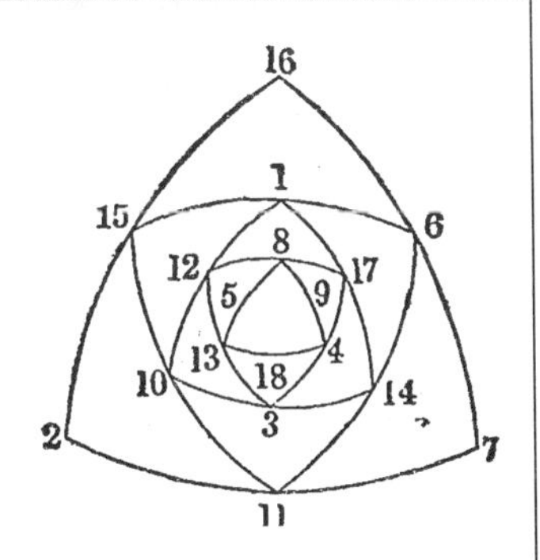

16+3=2+17=7+12=19

16+6+1+15=2+15+10+11=7+11+14+6=38

16+1+8+18+3+11=2+10+13+9+17+6=57

185 奇妙的星形

作六角星形，用 1~12 各数放在各交点上，则有下列的特点，也就是幻方的变态。任一个三角形中，任一条边上四数之和等于任一个大三角形顶点上的数之和、等于凸六角形顶点上六数之和、等于任一个平行四边形四个顶点上四数之和，都等于 26。

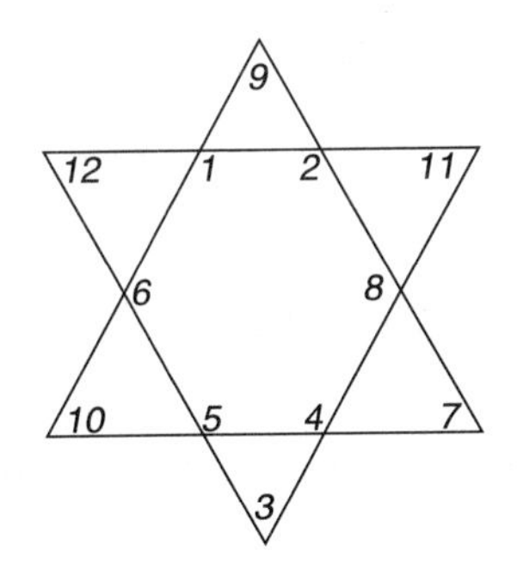

186 数字奇观

用 1~9 这九个数字排成正三角形，如图 1 所示，交换 1 与 7， 3 与 9，如图 2 所示。

这个图中每边 4 数之和恒等于 20，请问除此以外还有其他的特点吗？

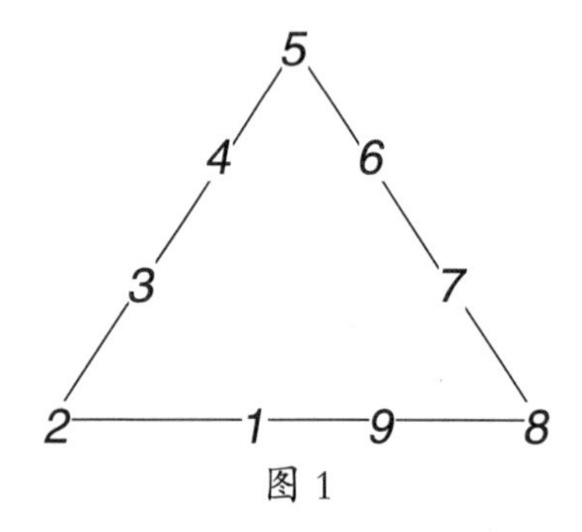

图 1

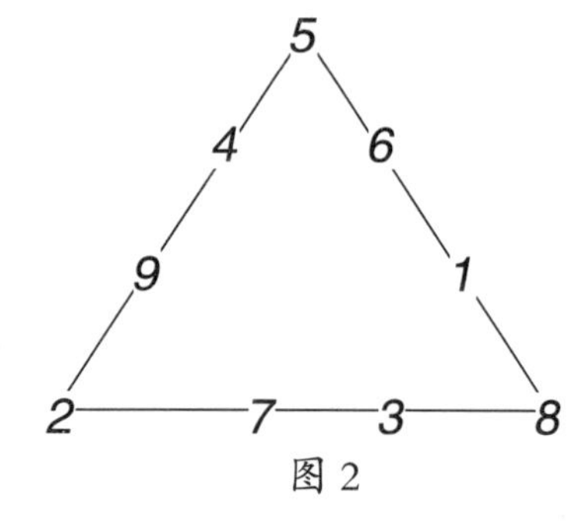

图 2

187 奇妙的六边形

用 1~19 的各数，排在正六边形的边上及对角线上，使任一个三角形每边上三数之和都是 22。如图所示，也是奇观！但是如果变更一下排列的顺序，则每边上三数之和可是 23，这是用的什么方法，读者知道吗？

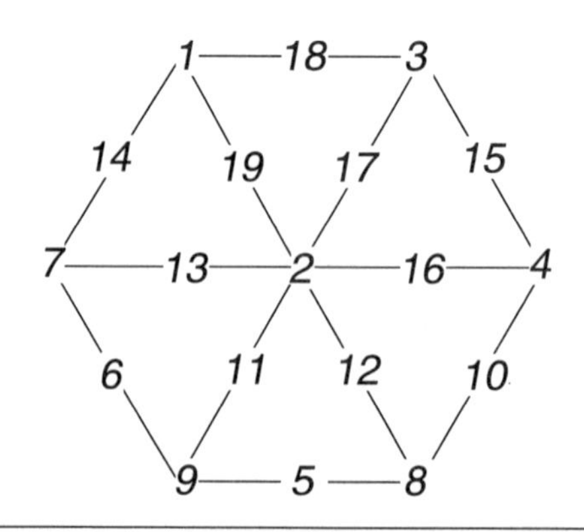

188 魔性线束

用 n^2 条直线，连成（$2n+2$）条线束，在其线上写 $1\sim n^2$ 的各数，使每一线束上 n 个数之和恒是 $\frac{(n^2+1)n}{2}$，这就是所说的魔性线束，也是魔阵中别开生面的。如图中 A、B、C、D、A'、B'、C'、D'、O、M 十线束，它的上面 4 数之和是 34，就是它的例子，造法特别简单。大家观看这个图形，应当不难得出造法。

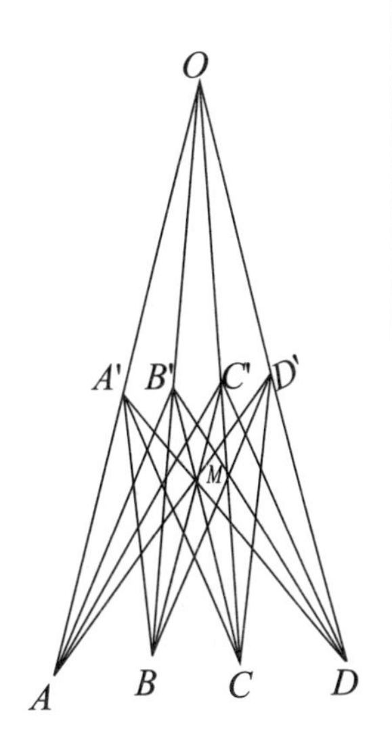

189 魔 圆

用若干等圆相交，在其交点上写自然数 $1\sim n$，使每一个圆上六数之和相等，这就是所说的魔圆，也是奇观！ S 表示六数之和。

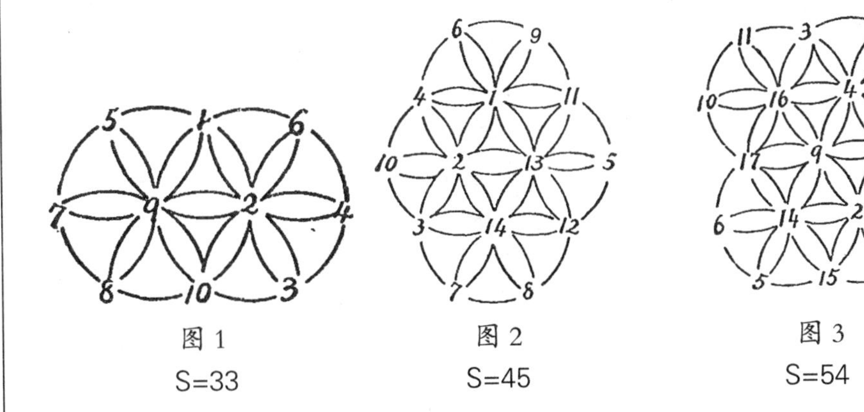

图 1 S=33　　图 2 S=45　　图 3 S=54

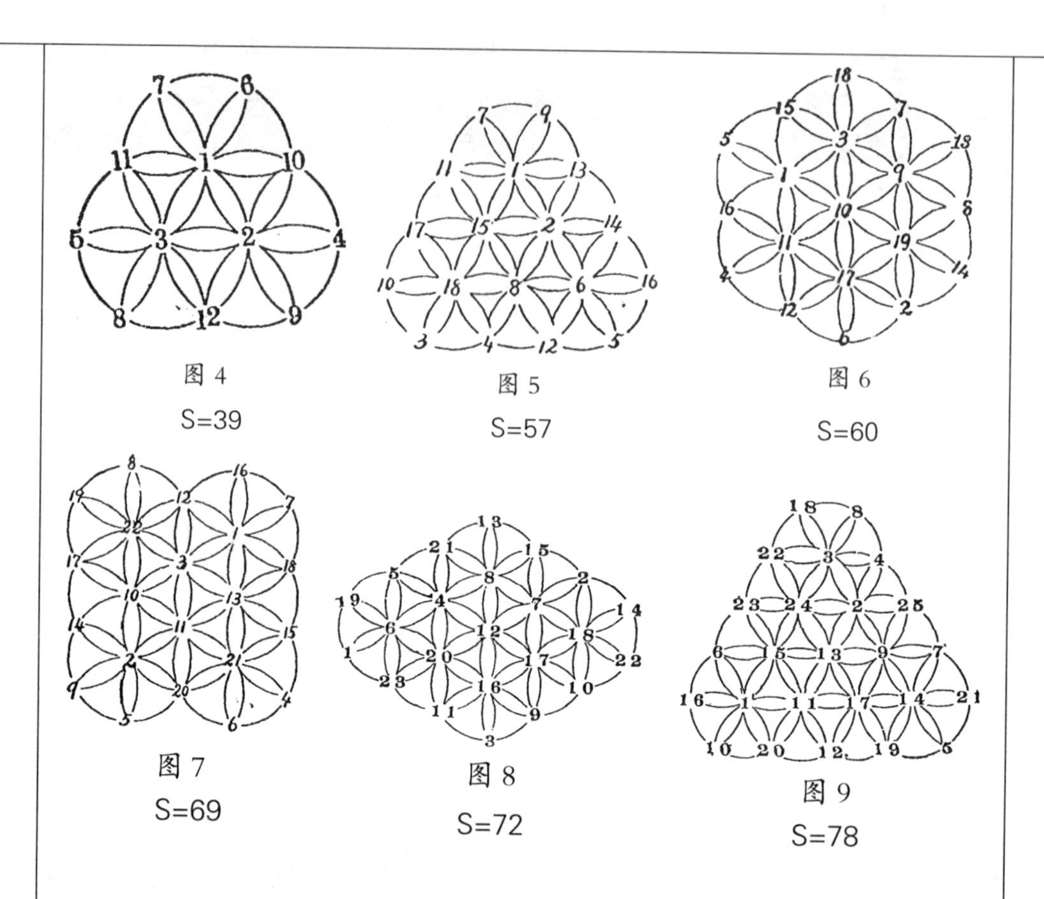

图 4 S=39

图 5 S=57

图 6 S=60

图 7 S=69

图 8 S=72

图 9 S=78

190 古圆阵

用 1~24 各数，除去 3，10，22 三数，共 21 数，排列在 5 个圆周及中心上，其和各为 65。

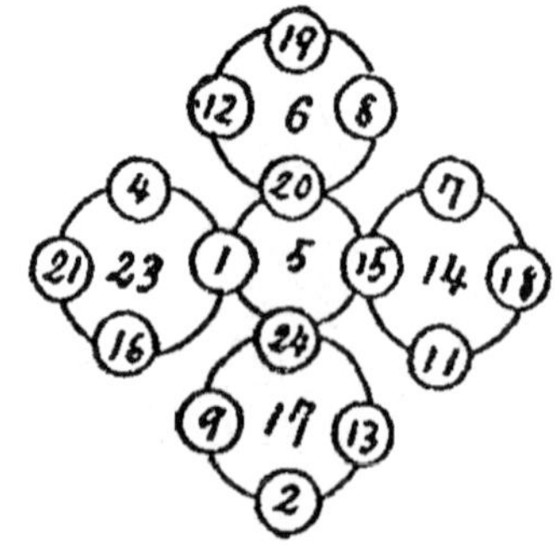

1~36 各数，排列在 6 个圆周上。中央一个圆上的数，与其他 6 个圆上公用，共成 7 个圆阵，每个圆周上 6 数之和等于 111。

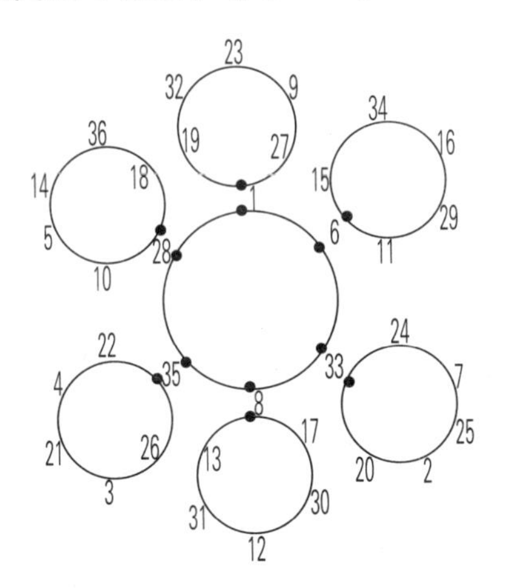

1~24 各数，排列在 4 个圆周上，每个圆周上 8 数之和等于 100。

并且 9+14+22+3+11+16+24+1=100

4+23+15+10+2+21+13+12=100

18+5+20+7+19+8+17+6=100

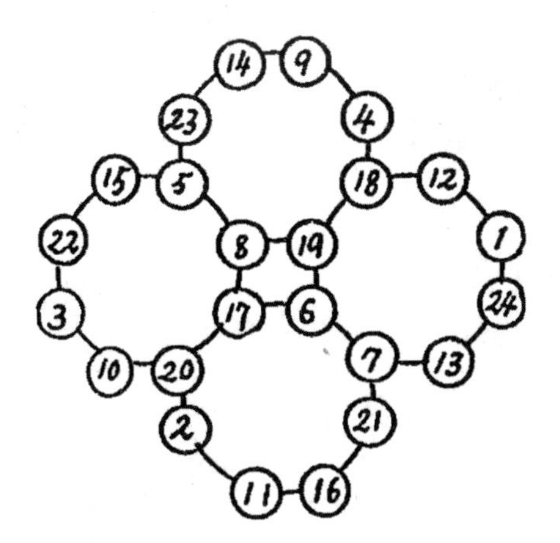

1~33 各数排列在 4 个同心圆周上，8 条直径上 9 数之和及圆周上 8 数与中心一数之和均等于 147。

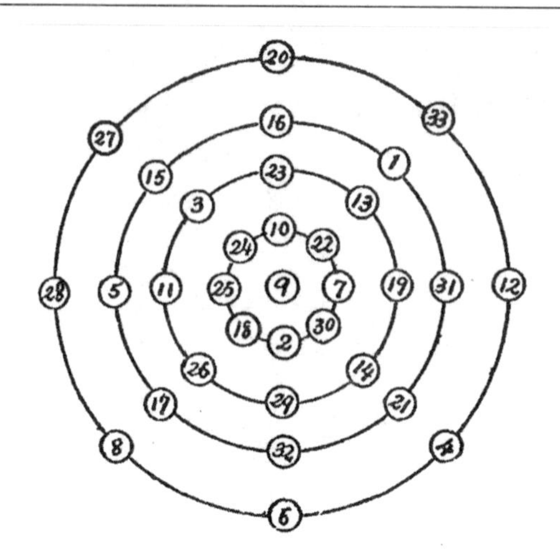

1~64 各数，排列在 8 个圆周上，每圆周上 8 数之和等于 260，并且依纵线或横线将每个圆分为两个半圆，则每个半圆上 4 数之和等于 130。

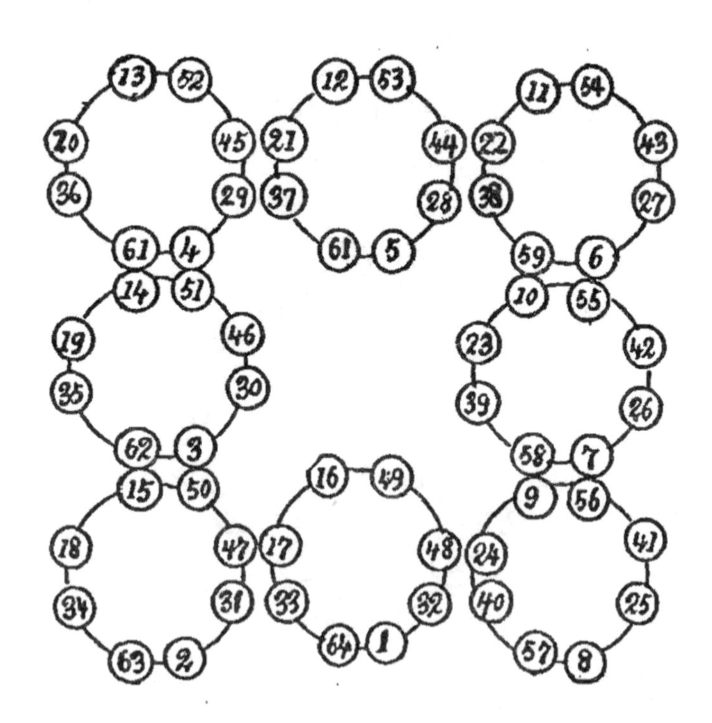

191 八犯被赦

某个监狱有居室九间，门与门互通，罪犯八人，每个人的背上均有数字，住在中间的才会有行动自由，所不同的不能违背（每室内仅有一人）监狱的规定。耶稣圣诞前夕，国王颁布特赦令说，这些犯人如果在狱中行动，布成幻方的形状，使各直列横行及对角线上各罪犯背上各数之和相等，并且不能违背监狱所制定的规定，则赦免其罪。7 号的犯人特别聪明，能用最简单的方法行进，没想到有个犯人非常固执，不让他通过，坚决不出自己的房间。然而七号这个犯人不为所困，运用他的聪明的头脑，采用最简单的方法，使这八个犯人都得到了特赦。读者是否也知道他的方法吗?

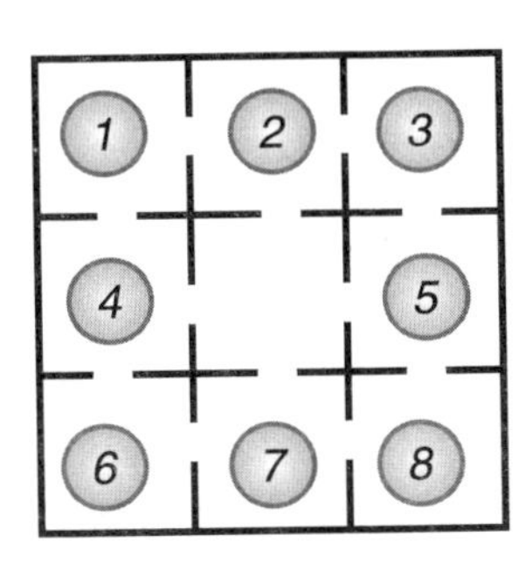

192 武士游行

有方形空场，划作 64 方格，一个武士用等距离步子游行在上面，当他的脚踏到某格时，则用数字标上，而各数字则以其达到先后次序为准，待 64 格后都有他的踪迹，而且均有数字标在各格之中时，各直列横行或两对角线上各格内八数之和都相等，形成一个幻方。虽然这些古代有记载，然而经若干次试验，想要获得一个真实确切的幻方的形状，就是死了也很难获得。我仅仅获得一个类似的形状而已，这个幻方的排成绝对不可能。读者是否也有同样看法相告?

193 九犯被赦

前一题的监狱，若有犯人 9 人，每个人的背上也有数字，而且也得到了国王的特赦令。特赦令与前相同，末句改为除开始时，一个犯人可以骑在另一个犯人的肩上，作为一个人的监督外，这时剩下的 21 个犯人不得同时在一个格内，还必须注意的，必须用最简单的方法行进。

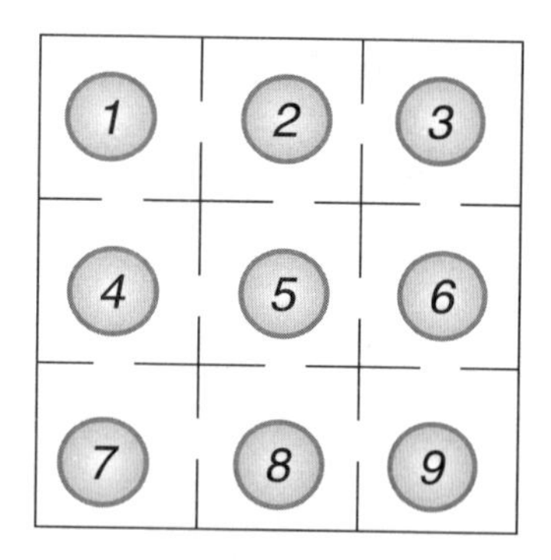

194 西班牙黑牢

从前的西班牙有一个城堡，因为年代久远，城堡早已看不见了。据说城堡内有一座黑牢，黑牢中有屋子 16 间，门与门互通，有罪犯 15 人居在其中。监狱官一向喜欢用难题来难为人，遇到这种情况的人，没有获胜的。有一天，这个狱官来到监狱，扬言说，所

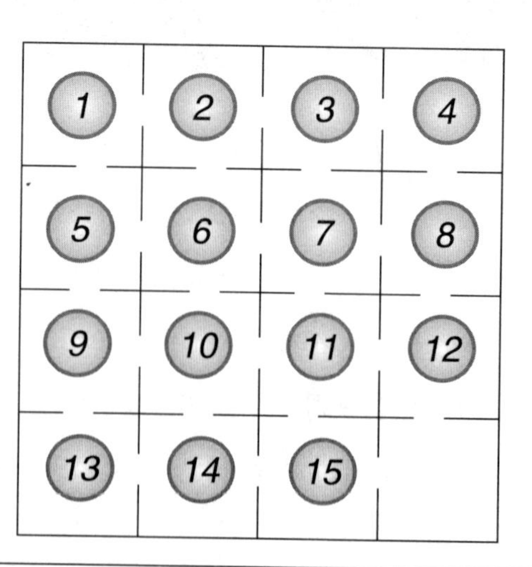

有的犯人想要恢复自由，尽快开动脑筋，解决一个难题。谜题如下：犯人要用最少的动作，在狱中相互移位，使其结果成一个幻方，其各直列横行及两对角线上，各犯人背上各数之和都是同一的值，而行动时，每个房间内同时不得有两人。有一个犯人思考之后，想出了办法，之后劝其他人服从他的指挥，从容行动，于是获得了自由。读者也有意想知道他的方法吗？

195 西伯利亚黑牢

下图是西比利亚修罗斯的黑牢，牢内各室标有数字，各室的犯人背上也标有同样的数字。牢中的饮食特别好，各个犯人吃得脑满肠肥，而且还有增加的趋势。这些犯人所忧虑的是，监狱的门坚固而且狭窄，一旦遇到特赦很难挤出门外，到时候若专门拆墙，虽没有任何的罪过，断没有道理。因为这些犯人在狱中颇喜欢运动，下面的谜题是由运动产生出来的。试用最少的动作，使 16 人布成幻方，各直列横行及两对角线上，各犯人背上各数之和都相同，同时不得有两人在同一个室内。若都逃出墙外，当然是禁止的。每一个动作，虽然经过任何距离，也没什么不可以的（图中数字没有圈的是空房）。

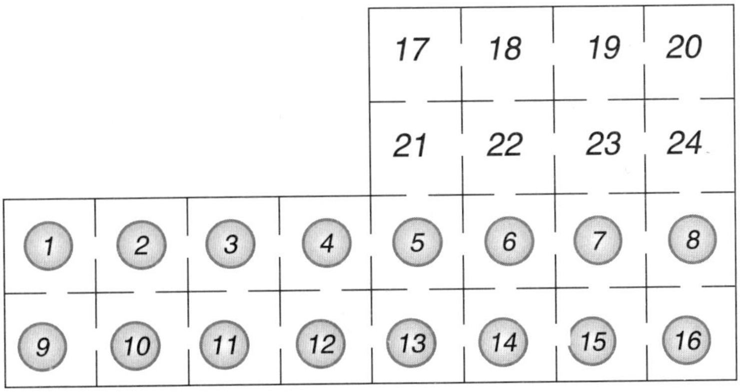

				17	18	19	20
				21	22	23	24
1	2	3	4	5	6	7	8
9	10	11	12	13	14	15	16

196 奇异的 8

用不同的 9 个数字排成方形，使每横行直列及两对角线上各数字相加之和都是 15（图 1），此方形名曰幻方，知道的人非常多。然而这个幻方无论怎样排列，8 字常在一角，若 8 的位置如图 2 所示，排列其余 8 个不同的数字在空格中，使各横行直列及两对角线上各数字之和，也是 15，则剩下的能有意排列成的人必然觉得特别新鲜了。

6	1	8
7	5	3
2	9	4

图 1

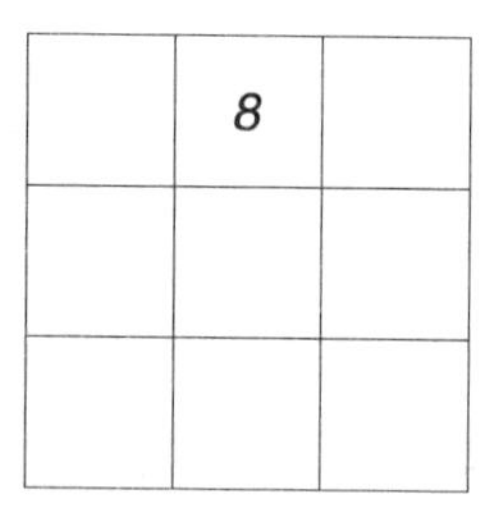

图 2

197 不可思议的正方形

分正方形为 4 份，在其中写出 182，351，179，168 四数，试去掉其中 6 个数字，而让纵横两数相加均是 82，这是用的什么方法？

182	351
179	168

198 英币排成幻方

有个人想要把 1*s*、2*s*、3*s*、4*s*、5*s*、1*s*、4*d*、2*s*、4*d*、3*s*、4*d*、4*s*、4*d*、5*s*、4*d*、1*s*、8*d*、2*s*、8*d*、3*s*、8*d*、4*s*、8*d*、8*d*、4*d* 的英币，排在四四方方格内，使任何方向之和都是 11*s*4*d*。他是用什么方法？（*s* 是先令的记号，*d* 是便士的记号。）

199 排兵布阵

有 18 名兵士，先分为 9 组，一个人的 3 组，两个人的 3 组，三个人的 3 组。现在想要用这 9 组排成方阵，使每行每列及每条对角线上都是 6 人，该用什么方法？

第一章　数字奇观

001. 不可思议的数 (1)

用23乘以142 857，得3 285 711。用左边的3与右边的六位数相加，得285 714。或者用345乘以142 857，结果得49 285 665，加左边49于285 665，仍得285 714。

再如用654 321乘142 857，得93 474 335 097。而93 474与335 097的和，也是428 571。再比如用514 876 302乘142857，得73 553 683 874 814。而73与553 683以及874 814的和为1 428 570。而1与428 570之和仍是428 571六个数字。所以用任何数（非7的倍数）乘142 857，积为每隔6位相加，它们的和仍是这6位数字的循环排列。只有当7是乘数，积为每隔6位相加，和则为999 999。

例如，3 514 876 302乘142 857得502 124 683 874 814。

而502＋124 683＋874 814=999 999。

是不是很不可思议。

002. 不可思议的数 (2)

1×76 923=076 923

3×76 923=230 769

4×76 923=307 692

9×76 923=692 307

10×76 923=769 230

12×76 923=923 076

2×76 923=153 846

5×76 923=384 615

6×76 923=461 538

7×76 923=538 461

8×76 923=615 384

11×76 923=846 153

003. 数字奇观（1）

37 037 037×18=666 666 666

37 037 037×27=999 999 999

1 371 742×9=12 345 678

13 71 742×81=111 111 102

9 876 432×9=88 888 888

98 765 432×$\frac{9}{8}$=111 111 111

006. 数字奇观（4）

$15\,873\times7=111\,111$

$31\,746\times7=222\,222$

$47\,619\times7=333\,333$

$63\,492\times7=444\,444$

$79\,365\times7=555\,555$

$95\,238\times7=666\,666$

$111\,111\times7=777\,777$

$126\,984\times7=888\,888$

$142\,857\times7=999\,999$

008. 数字奇观（6）

$32^2=1\,024$

$49^2=2\,401$

$32^4=1\,048\,576$

$49^4=5\,764\,801$

009. 数字奇观（7）

$345^3=41\,063\,625$

$384^3=56\,623\,104$

$405^3=66\,430\,125$

$331^3=36\,264\,691$

$406^3=66\,923\,416$。

010. 数字奇观（8）

$157^2=24\,649$

$158^2=24\,964$

$913^2=833\,569$

$914^2=835\,396$

011. 数字奇观（9）

除 16 外只有 49 具有同样性质

$\sqrt{49}=7$

$\sqrt{4\,489}=67$

$\sqrt{444\,889}=667$

$\sqrt{44\,448\,889}=6\,667$

……………………………

012. 括号奇观

甲

$[1+2\times3+4\times(5+6)\times(7+8)]\times9=6\,003$

$[1+2\times(3+4)\times(5+6\times7)+8]\times9=6\,003$

$\{1+2\times[3+4\times(5+6)]\times7+8\}\times9=6\,003$

乙

$(1+2\times3+4)\times5+(6\times7+8)\times9=505$

$(1+2\times3+4)\times[5+(6\times7+8)\times9]=5\,005$

$1+[2\times(3+4)\times5+6]\times7+8\times9=605$

$1+[2\times(3+4)\times5+6]\times(7+8\times9)=6\,005$

丙

$(1+2\times3+4\times5+6)\times7+8\times9=303$

$(1+2\times3+4)\times5+(6\times7+8)\times9=505$

$[1+(2\times3+4)\times5+6\times7+8]\times9=909$

丁

$(1+2)\times(3+4)\times5+(6\times7+8)\times9=555$

$[1+2\times(3+4)]\times(5+6\times7)+8\times9=777$

$(1+2)\times3+[4\times5+6\times(7+8)]\times9=999$

013. 巧组数字

$99\frac{99}{99}=100$

014. 奇偶数之和

用1，3，5，7，9；2，4，6，8两组数各凑成两个数，并得到相同的和，其中最简单的式子是 $79+5\frac{1}{3}=84\frac{1}{3}$，

$84+\frac{2}{6}=84\frac{1}{3}$

两个式子都等于$84\frac{1}{3}$。如果全用整数式，而不用分数式，就不可能了。

015. 九数成三

9种解法，全部列出如下：

1. 12×483=5 796
2. 42×138=5 796
3. 18×297=5 346
4. 27×198=5 346
5. 39×186=7 254
6. 48×159=7 632
7. 28×157=4 396
8. 4×1 738=6 952
9. 4×1 963=7 852

以上九种答案，最容易被读者忽略的是第七答。

016. 九数分两组

第一组是 174×32

第二组是 96×58

因为174×32=96×58=5 568，55 68也就是所求的答案。

017. 十个数字

如果想让两组所得的乘积相等，这种解法，每个人都能做到。但求一最小值和一最大值，实在不是简单的事情。如果不经过验算，很难求出。

我们先用1，2作为乘数，其余的8个数位，分为两个4位数，如甲4位数的2倍，刚好与乙4位数的1倍相等时，就可得出答案。如

3 485×2=6 970×1，

6 970也就是最小的乘积。

至于最大的乘积，则是

732×80=58 560；

或915×64=58 560，

58 560就是所求得的最大的乘积。

018. 数字乘法

这道题的解法只有两个：

1. 数字之和最大的，

9×654=18 × 327=5 886，5 886各数字相加=5+8+8+6=27。

2. 数字之和最小的，

23×174 =58×69=4 002，4 002各数字相加=4+2=6。

019. 奇怪乘法

设32 547 891 ×6=195 287 346，

32 548 791 是被乘数，也就是所要求的数，6 是乘数，195 287 346 是乘积数，被乘数乘数中所有的数字与积中的数字相同。

020. 数字奇观（10）

（1）17 469 ÷ 5 823 =3

（2）31 824 ÷ 7 956=4

（3）14 865 ÷ 2 973=5

（4）17 658 ÷ 2 943=6

（5）36 918 ÷ 5 274=7

（6）74 568 ÷ 9 321=8

（7）75 249 ÷ 8 361=9

021. 数字除法

这道题适合将除数与被除数，用分数形式表示出来。

(1) $\frac{6\,729}{13\,458}=\frac{1}{2}$ 也就是说 13 458 是 6 729 的 2 倍）

(2) $\frac{5\,823}{17\,469}=\frac{1}{3}$（也就是说 17 469 是 5 823 的 3 倍）

(3) $\frac{3\,942}{15\,768}=\frac{1}{4}$（也就是说 15 768 是 3 942 的 4 倍）

(4) $\frac{2\,697}{13\,485}=\frac{1}{5}$（也就是说 13 485 是 2 697 的 5 倍）

(5) $\frac{2\,943}{17\,658}=\frac{1}{6}$（也就是说 17 658 是 2 943 的 6 倍）

(6) $\frac{2\,394}{16\,758}=\frac{1}{7}$（也就是说 16 758 是 2 394 的 7 倍）

(7) $\frac{3\,187}{25\,496}=\frac{1}{8}$（也就是说 25 496 是 3 187 的 8 倍）

(8) $\frac{6\,381}{57\,429}=\frac{1}{9}$（也就是说 57 429 是 6 381 的 9 倍）

022. 百数谜题

这道题总共有 11 种解答，如下：

(1) $96\frac{2\,148}{537}=96+4=100$

(2) $96\frac{1\,752}{438}=96+4=100$

(3) $96\frac{1\,428}{357}=96+4=100$

(4) $94\frac{1\,578}{263}=94+6=100$

(5) $91\frac{7\,524}{836}=91+9=100$

(6) $91\frac{5\,823}{647}=91+9=100$

(7) $82\frac{3\,546}{197}=82+18=100$

(8) $81\frac{7\,524}{396}=81+19=100$

(9) $81\frac{5\,643}{297}=81+19=100$

(10) $3\frac{69\,258}{714}=3+97=100$

讨论：以上各分数式中，每个有不同的数根，（数根，就是某数数字之和的根。例如 396，各数字的和等于 18，那么其数根就是 1+8=9。数根都必须是一位数）。例如第一答案的分母与分子之数根都等于 6。(因为 2+1+4+8=15，1+5=6 为分子的数根，而 5+3+7=15，1+5=6 为分母的数根）。

同样，第二答案与第三答案的分子与分母的数根都等于 6，第四答案则等于 (3、2)，第五答案至第八答案，其分子之数根皆等于 9，最后一答案则等于 3。

023. 复杂分数

(1) $9\frac{5472}{1368}=9+4=13$

(2) $9\frac{6435}{1287}=9+5=14$

(3) $12\frac{3576}{894}=12+4=16$

(4) $6\frac{13258}{947}=6+14=20$

(5) $15\frac{9432}{786}=15+12=27$

(6) $24\frac{9756}{813}=24+12=36$

(7) $27\frac{5148}{396}=27+13=40$

(8) $65\frac{1892}{473}=65+4=69$

(9) $59\frac{3614}{278}=59+13=72$

(10) $75\frac{3648}{192}=75+19=94$

(11) $3\frac{\frac{8952}{746}}{1}=3+12=15$

(12) $9\frac{\frac{5742}{638}}{1}=9+9=18$

024. 和成百数

在 9 个数之间填入各种运算符号，而使它们的结果得 100，做法有很多。但是由于受条件限制，所以解法范围也因此缩小。解这个问题既没有一定的方法，又没有相应的证明。我们研究出 11 种解法，在此分享给各位读者。

(1) 1+2+3+4+5+6+7+(8×9)=100

(2) −(1×2)−3−4−5+(6×7)+(8×9)=100

(3) 1+(2×3)+(4×5)−6+7+(8×9)=100

(4) (1+2−3−4)(5−6−7−8−9)=100

(5) 1+(2×3) +4+5+67+8+9 =100

(6) (1×2) +34+56+7−8+9=100

(7) 12+3−4+5+67+8+9=100

(8) 123−4−5−6−7 +8−9 =100

(9) 123+4−5+67−89=100

(10) 123+45−67+8−9=100

(11) 123−45−67+89=100

025. 数字奇观（11）

(1) 9×8+7+6+5+4+3+2+1=100

(2) 15+36+47 =98，98+2=100

(3) 98−76+54+3+21=100

(4) $40\frac{1}{2}+59\frac{38}{76}=100$

027. 数字奇观（13）

(1)

$$\begin{array}{r} 50\frac{1}{2} \\ +\ 49\frac{38}{76} \\ \hline 100 \end{array}$$

(2)

$$\begin{array}{r} 80\frac{27}{54} \\ +\ 19\frac{3}{6} \\ \hline 100 \end{array}$$

(3)

$$\begin{array}{r} 15 \\ 36 \\ +\ 47 \\ \hline 98 \\ +\ 2 \\ \hline 100 \end{array}$$

(4)

$$\begin{array}{r} 56 \\ 8 \\ 4 \\ +\ 3 \\ \hline 71 \\ +\ 29 \\ \hline 100 \end{array}$$

(5)

$$\begin{array}{r} 95\frac{1}{2} \\ +\ 4\frac{38}{76} \\ \hline 100 \end{array}$$

028. 数字奇观（14）

$\frac{8}{24137569}=(\frac{2}{289})^3$,

$\frac{125}{438976}=(\frac{5}{76})^3$

$\frac{512}{438976}=(\frac{8}{76})^3$

$\frac{9261}{804357}=(\frac{21}{93})^3$

029. 九数循环

以 9 091 为分母，以 114，115，123（也就是下表中分子行内的各数）为分子，成一分数。化之则得循环小数；其循环节为 0 与 1~9 各数排列而成，共有 240 种。

分子	循环小数	分子	循环小数
114	0125398746	115	0126498735
123	0135298647	125	0137498625

续表

分子	循环小数	分子	循环小数
133	0146298537	134	0147395526
474	0521394786	479	0526894731
483	0531294687	489	0537894621
533	0586294137	534	0587394126
565	0621493785	569	0625893741
583	0641293587	589	0647893521
623	0685293147	625	0687493125
665	0731492685	669	0735892641
674	0741392586	679	0746892531
714	0785392146	715	0786492135
957	1052689473	958	1053789462
966	1062589374	968	1064789352
976	1073589264	977	1074689253
1137	1250687493	1140	1253987460
1146	1260587394	1150	1264987350
1176	1293587064	1177	1294687053
1228	1350786492	1230	1352986470
1246	1370586249	1250	1374986250
1266	1392586074	1268	1394786052
1328	1460785392	1330	1462985370
1337	1470685293	1340	1473985260
1357	1492685073	1358	1493785062
1914	2105378946	1915	2106478935
1941	2135078649	1945	2139478605
1951	2146078539	1954	2149378506
2274	2501374986	2279	2506874931
2301	2531074689	2309	2539874601
2351	2586074139	2354	2589374106
2365	2601473985	2369	260873941
2401	2641073589	2409	2649873501
2441	2685073149	2445	2689473105
2665	2931470685	2669	2935870641
2674	2941370586	2679	2946870531
2714	2985370146	2715	2986470135
2823	3105268947	2825	3107468925
2841	3125068749	1845	3129468705
2861	3147068529	2863	3149268507
3183	3501264987	3189	3507864921
3201	3521064789	3209	3529564701
3261	3587064129	3263	3589264107
3365	3701462985	3369	3705862941
3401	3741062589	3409	3749862501
3441	3785062149	3445	3789462105
3565	3921460785	3569	3925860741
3583	3941260587	3589	3947860521
3623	3985260147	3625	3987460125

续表

分子	循环小数	分子	循环小数
3733	4106258937	3734	4107358926
3751	4126058739	3754	4129358706
3761	4137058629	3763	4139258607
4183	4601253987	4189	4607853921
4201	4521053789	4209	4629853701
4261	4687053129	4263	4689253107
4274	4701352986	4279	4706852931
4301	4731052689	4309	4739852601
4351	4786052139	4354	4789352106
4479	4926850731	4483	4931250687
4474	4921350786	4489	4937850621
4533	4986250137	4534	4987350126
4557	5012649873	4558	5013749862
4602	5062149378	4608	5068749312
4612	5073149268	4617	5078649213
4737	5210647893	4740	5213947860
4782	5260147398	4790	5268947310
4812	529147068	4817	5298647013
4828	5310746892	4830	5312946870
4882	5370146298	4890	5378946210
4902	5392146078	4908	5398746012
5328	5860741392	5330	5862941370
5337	5870641293	5340	5873941260
5357	5892641073	5358	5893741062
5466	6012539874	5468	6014739852
5502	6052139478	5508	6058739412
5522	6074139258	5526	6078539214
5646	6210537894	5650	6214937850
5682	6250137498	5690	6258937410
5722	6294137058	5726	6298537014
5828	6410735892	5830	6412935870
5882	6470135298	5890	6478935210
5902	6492135078	5908	6498735012
6228	6850731492	6230	6852931470
6246	6870531294	6250	6874931250
6266	6892531074	6268	6894731052
6376	7013529864	6377	7014629853
6412	7053129468	6417	7058629413
6422	7064129358	6426	7068529314
6646	7310526894	6650	7314926850
6682	7350126498	6690	7358926410
6722	7394126058	6726	7398526014
6737	7410625893	6740	7413925860
6782	7460125398	6790	7468925310
6812	7493125068	6817	7498625013

续表

7137	7850621493	7140	7853921460
7146	7860521394	7150	7864921350
7176	7893521064	7177	7894621053
7733	8506214937	7734	8507314926
7751	8526014739	7754	8529314706
7761	8537014629	7763	8539214607
7823	8605213947	7825	8607413925
7841	8625013749	7845	8629413705
7861	8647013529	7863	8649213507
7914	8705312946	7915	8706412935
7941	8735012649	7945	8739412605
7951	8746012539	7954	8749312506
8114	8925310746	8115	8926410735
8123	8935210647	8125	8937410625
8133	8946210537	8134	8947310526
8376	9213507864	8377	9214607853
8412	9253107468	8417	9258607413
8422	9264107358	8426	9268507314
8466	9312506874	8468	9314706852
8502	9352106478	8508	9358706412
8522	9374106258	8526	9378506214
8557	9412605873	8558	9413705862
8602	9462105378	8608	9468705312
8612	9473105268	8617	9478605213
8957	9852601473	8958	9853701462
8966	9862501374	8968	9864701352
8976	9873501264	8977	9874601253

030. 平方数的奇观

甲：从 1~9 九字排成的平方数，

(1) $12\,363^2=152\,843\,769$

(2) $12\,543^2=157\,326\,849$

(3) $14\,676^2=215\,384\,976$

(5) $15\,681^2=245\,893\,761$

(6) $15\,963^2=254\,817\,369$

(7) $19\,377^2=375\,468\,129$

(8) $19\,569^2=382\,945\,761$

(9) $19\,629^2=38\,529\,7641$

(10) $20\ 316^2=412\ 739\ 856$

(11) $22\ 887^2=523\ 814\ 769$

(12) $23\ 019^2=529\ 874\ 361$

(13) $18\ 072^2=326\ 597\ 184$

(14) $19\ 023^2=361\ 874\ 529$

(15) $24\ 237^2=587\ 432\ 169$

(16) $24\ 276^2=589\ 324\ 176$

(17) $24\ 441^2=597\ 362\ 481$

(18) $24\ 807^2=615\ 387\ 249$

(19) $25\ 059^2=627\ 953\ 481$

(20) $25\ 572^2=653\ 927\ 184$

(21) $25\ 941^2=672\ 935\ 481$

(22) $23\ 178^2=537\ 219\ 684$

(23) $23\ 439^2=549\ 386\ 721$

(24) $26\ 409^2=697\ 435\ 281$

(25) $26\ 733^2=714\ 653\ 289$

(26) $27\ 129^2=735\ 982\ 641$

(27) $27\ 273^2=743\ 816\ 529$

(28) $29\ 034^2=842\ 973\ 156$

(29) $29\ 106^2=847\ 159\ 236$

(30) $30\ 384^2=923\ 187\ 456$

乙：从 1~9，九个数字以及 0，排成的平方数

(1) $32\ 043^2=1\ 026\ 753\ 849$

(2) $32\ 286^2=1\ 042\ 385\ 796$

(3) $33\ 144^2=1\ 098\ 524\ 736$

(4) $55\ 446^2=3\ 074\ 258\ 916$

(5) $68\ 763^2=4\ 728\ 350\ 169$

(6) $35\ 172^2=1\ 237\ 069\ 584$

(7) $39\ 147^2=1\ 532\ 487\ 609$

(8) $45\ 624^2=2\ 081\ 549\ 376$

(9) $83\ 919^2=7\ 042\ 398\ 561$

(10) $99\ 066^2=9\ 814\ 072\ 356$

031. 数字奇观（15）

除数字 31 外，只有数字 41 有这个性质。

$17\ 589=41\times 429$

$75\ 891=41\times 1\ 851$

$58\ 917=41\times 1\ 437$

$89\ 175=41\times 2\ 175$

$91\ 758=41\times 2\ 238$

032. 指数变形

现有 $2^5\times 9^2$，若以 2 592 代替，排列虽然错了，但所表达的数字却是相同的。

$2^5\times 9^2=2\times 2\times 2\times 2\times 2\times 9\times 9=2\ 592$。

2 592 是这道题唯一的答案。

035. 数字奇观（18）

$1+6+7+23+24+30+38+47+54+55=2+3+10+19+27+33+34+50+51+56$

$1^2+6^2+7^2+23^2+24^2+30^2+38^2+47^2+54^2+55^2=2^2+3^2+10^2+19^2+27^2+33^2+34^2+50^2+51^2+56^2$

$1^3+6^3+7^3+23^3+24^3+30^3+38^3+47^3+54^3$

$+55^3=2^3+3^3+10^3+19^3+27^3+33^3+34^3+50^3+51^3+56^3$

$1^4+6^4+7^4+23^4+24^4+30^4+35^4+47^4+54^4+55^4=2^4+3^4+10^4+19^4+27^4+33^4+34^4+50^4+51^4+56^4$

038. 四四呈奇

1~100 的各数组成如下：

（说明：$.4=0.4$　$0.\dot{4}=0.4\ 444\cdots$

$4!=4\times3\times2\times1$）

$(\frac{4}{4})^{4-4}=1$　　$\frac{4!}{\sqrt{4}}\div\frac{4!}{4}=2$

$\frac{4!}{4}\div\frac{4}{\sqrt{4}}=3$　　$\sqrt{4}+4!\div\frac{4!}{\sqrt{4}}=4$

$\frac{\sqrt{4}}{.4}\div\frac{4}{4}=5$　　$\frac{4!}{4}\times\frac{4}{4}=6$

$\frac{4+4}{\sqrt{(4\times4)}}=7$　　$\frac{\sqrt{4}}{0.4}+\sqrt{\frac{4}{0.\dot{4}}}=8$

$\frac{4+4}{\sqrt{4}\times.\dot{4}}=9$　　$\frac{4}{0.\dot{4}}+\frac{4}{4}=10$

$\frac{4!}{\sqrt{4}}-\frac{4}{4}=11$　　$(4+\sqrt{4})\times(4-\sqrt{4})=12$

$\frac{4}{.\dot{4}}+\sqrt{4\times4}=13$　　$\frac{4!+4}{4-\sqrt{4}}=14$

$\frac{(4+\sqrt{4})!}{4\times4!}=15$　　$4!-\sqrt{4}-\sqrt{4}-4=16$

$4\times4+\frac{4}{4}=17$　　$4!-\sqrt{4}-\sqrt{4}-\sqrt{4}=18$

$\frac{\frac{4!}{\sqrt{4}}+\sqrt{.\dot{4}}}{\sqrt{.\dot{4}}}=19$　　$4\times4+\sqrt{4\times4}=20$

$\frac{4!}{\sqrt{4}}+\frac{4}{.\dot{4}}=21$　　$\frac{\sqrt{4}\times4!-4}{\sqrt{4}}=22$

$\frac{4}{.4\times.4}-\sqrt{4}=23$　　$\sqrt{4}(4+4+4)=24$

$\frac{(4\times4)+\sqrt{.\dot{4}}}{\sqrt{.\dot{4}}}=25$　　$\frac{\sqrt{4}\times4!+4}{\sqrt{4}}=26$

$\frac{4}{.4\times.4}+\sqrt{4}=27$　　$\frac{\frac{4!}{\sqrt{4}}+.\dot{4}}{\sqrt{4}}=28$

$\frac{4}{.4\times.4}+4=29$　　$\frac{4!-4}{.\dot{4}}\times\sqrt{4}=30$

$4!+\frac{\sqrt{4}}{.4}+\sqrt{4}=31$　　$\frac{4!-\sqrt{4}-\sqrt{.\dot{4}}}{\sqrt{.\dot{4}}}=32$

$\frac{4!+\sqrt{.\dot{4}}}{\sqrt{4}}=33$　　$\frac{4!-\sqrt{4}+\sqrt{.\dot{4}}}{\sqrt{.\dot{4}}}=34$

$4!+\frac{4+.4}{.4}=35$　　$\frac{4!-.4\times4!}{.4}=36$

$\sqrt{4}+\frac{4!-\sqrt{.\dot{4}}}{\sqrt{.\dot{4}}}=37$　　$\frac{4!+\sqrt{4}-\sqrt{.\dot{4}}}{\sqrt{4}}=38$

$\frac{4\times4-.4}{.4}=39$　　$4!+4+\frac{4!}{\sqrt{4}}=40$

$4+\frac{4!+\sqrt{.\dot{4}}}{\sqrt{.\dot{4}}}=41$　　$\frac{4!}{\sqrt{.\dot{4}}}+4+\sqrt{4}=42$

$\frac{4!-4}{.\dot{4}}-\sqrt{4}=43$　　$\frac{4!}{.4}-\frac{4}{.4}=44$

$\frac{\sqrt{4}\times4}{.4+\sqrt{.\dot{4}}}=45$　　$\frac{4!-4+.\dot{4}}{.4}=46$

$\frac{4\times4!-\sqrt{4}}{\sqrt{4}}=47$　　$\frac{4!}{\sqrt{.\dot{4}}}+\frac{4!}{\sqrt{4}}=48$

$\frac{4!}{.4}-\frac{\sqrt{4}}{.4}=49$

$\frac{\sqrt{4}}{.4}\times\frac{4}{.4}=50$

$\frac{4!-\dot{4}}{.\dot{4}}-\sqrt{4}=51$

$\frac{4!}{.\dot{4}}-\frac{4}{\sqrt{4}}=52$

$(\frac{4!}{\sqrt{.\dot{4}}}-\sqrt{.\dot{4}})\div\sqrt{.\dot{4}}=53$

$\frac{4!}{4}\times\frac{4}{.4}=54$

$\frac{4!}{.4}-\frac{\sqrt{4}}{.4}=55$

$\frac{4!}{.\dot{4}}+\frac{4}{\sqrt{4}}=56$

$\frac{4!-\dot{4}}{.\dot{4}}-\sqrt{4}=57$

$4!+\sqrt{4}+\frac{4}{.4}=58$

$\frac{4!+\dot{4}}{.\dot{4}}+4=59$

$\frac{4!}{.\dot{4}}(.\dot{4}+\sqrt{.\dot{4}})=60$

$(\sqrt{.\dot{4}}!+\sqrt{4})\div\sqrt{4}=61$

$\frac{4!+.4\times\sqrt{4}}{.4}=62$

$\frac{4^4-4}{4}=63$

$\frac{4!\times4\times\sqrt{.\dot{4}}}{4}=64$

$\frac{4!+.\dot{4}}{.\dot{4}}+4=65$

$\frac{4!+4}{\sqrt{.\dot{4}}}+4!=66$

$\frac{4!+\sqrt{4}}{.4}+\sqrt{4}=67$

$\sqrt{4}(\frac{4!}{\sqrt{.\dot{4}}})=68$

$\frac{4!+4-.4}{.4}=69$

$\frac{4!}{.4}+\frac{4}{.4}=70$

$\frac{4!+4+.4}{.4}=71$

$\frac{4!}{.4}+\frac{4!}{\sqrt{4}}=72$

$\frac{\sqrt{4}\times4!+\sqrt{.\dot{4}}}{\sqrt{.\dot{4}}}=73$

$\sqrt{4}+\sqrt{4}\times\frac{4!}{\sqrt{4}}=74$

$\frac{\frac{4!}{.\dot{4}}}{\frac{.4}{\sqrt{4}}}=75$

$\sqrt{4}\times\frac{4!}{\sqrt{.\dot{4}}}+4=76$

$\frac{4!-.\dot{4}}{4}+4!=77$

$(4!+\sqrt{4})\sqrt{\frac{4}{.\dot{4}}}=78$

$\frac{\dot{4}!+.\dot{4}}{.\dot{4}}+4!=79$

$(\frac{4!}{\sqrt{4}}-.4)\div.4=80$

$(\frac{4}{.4})\sqrt{4\times4}=81$

$(\frac{4!}{\sqrt{.\dot{4}}}+\sqrt{.\dot{4}})\div\sqrt{.\dot{4}}=82$

$\frac{\dot{4}!-.4}{.\dot{4}}+4!=83$

$\frac{4!+.4\times4!}{.4}=84$

$\frac{4!+\frac{4}{.4}}{.4}=85$

$\frac{4!}{.\dot{4}}+4!+\sqrt{4}=86$

$4!+\frac{4!+4}{.\dot{4}}=87$

$\frac{4^4}{4}+4!=88$

$(\frac{4!}{\sqrt{.\dot{4}}}-.4)\div.4=89$

$\sqrt{4}(\frac{4!-4}{.\dot{4}})=90$

$(\frac{4!}{\sqrt{.\dot{4}}}+\sqrt{.\dot{4}})\div\sqrt{.\dot{4}}=91$

$(\frac{\sqrt{4}}{.4})!-4!-4=92$

$4!\times4-(\sqrt{4}\div\sqrt{.\dot{4}})=93$

$(\frac{\sqrt{4}}{.4})!-4!-\sqrt{4}=94$

$4!\times4-\frac{4}{4}=95$

$\frac{4!}{.\dot{4}}+\frac{4!}{\sqrt{.\dot{4}}}=96$

$4!\times4+\frac{4}{4}=97$

$(\frac{4!}{.4})^{\sqrt{4}}-\sqrt{4}=98$

$4\times4!+(\sqrt{4}\div\sqrt{.\dot{4}})=99$

$\frac{\frac{4!}{.4}}{.4}\times\sqrt{.\dot{4}}=100$

039. 五五呈奇

仿照四四呈奇的规则，用五个 5 字组成 1~100，等式如下：

（说明：$.5=0.5$　　$.\dot{5}=0.55\,555\cdots\cdots$

$5!=5\times4\times3\times2\times1)$

$.5\times.5\times\frac{5!}{5}-5=1$ $\frac{5\times5}{5}+5-5=2$

$(\frac{5!}{5}\div\sqrt{\frac{5}{.\dot{5}}})-5=3$ $\frac{5!}{5\times5+\sqrt{5}\times5}=4$

$(5!\times.5)\div\frac{5!\times.5}{.5}=5$ $(\frac{5}{.5}\div\frac{5}{.5})+5=6$

$\sqrt{\frac{5!}{\sqrt{\frac{5}{.\dot{5}}}}+\frac{5!}{.\dot{5}}}=7$ $(5\times5\times.5+.5)-5=8$

$\frac{5!}{.5}\div(\sqrt{\frac{5}{.\dot{5}}})!+5=9$ $(5+5+5+5)\div5=10$

$\frac{5}{.\dot{5}}+\frac{5+5}{5}=11$ $\frac{5!}{(5+5+5)-5}=12$

$\frac{5!}{.\dot{5}}\div\sqrt{\frac{5}{.\dot{5}}}+5=13$ $\frac{5!}{5}-5-\sqrt{5\times5}=14$

$\frac{5!+.5}{5}+\sqrt{\frac{5}{.\dot{5}}}=15$ $\sqrt{5\times5}+5(\sqrt{\frac{5}{.\dot{5}}})!=16$

$.5\times5\times5-.5+5=17$ $5!\div5(5+\frac{5}{5})=18$

$.5\div(\sqrt{\frac{5}{.\dot{5}}})!-\frac{5}{.\dot{5}}=19$ $.5\times5!-\frac{5!}{\sqrt{\frac{5}{.\dot{5}}}}=20$

$5!\div(\sqrt{\frac{.5}{.\dot{5}}})!+\frac{5}{.\dot{5}}=21$ $\frac{5!}{5\times5}+5+5=22$

$5\times5-\frac{5+5}{5}=23$ $\frac{5!}{5}\times(\sqrt{\frac{.5}{.\dot{5}}})!-5!=24$

$\frac{5^5}{5\times5\times5}=25$ $\frac{5\times5\times5+5}{5}=26$

$\frac{.5\times5!}{.5}\times5\times5=27$ $5\times\sqrt{5\times5}+\sqrt{\frac{5}{.\dot{5}}}=28$

$5\times5+5-\frac{5}{5}=29$ $\frac{(5\times\frac{5}{5})!}{.5}\times5=30$

$5\times5\times5!+\frac{5}{5}=31$ $\frac{5}{.\dot{5}}\times\sqrt{\frac{5}{.\dot{5}}}+5=32$

$[.5\times5!+(\sqrt{\frac{.5}{.\dot{5}}})!]\times.5=33$ $(5-\frac{5}{5})!+\frac{5}{.5}=34$

$(5+\frac{5}{5})\times5+5=35$ $\frac{5!\times.5}{.5}\times\sqrt{\frac{5}{.\dot{5}}}=36$

$5!\div\sqrt{\frac{5}{.\dot{5}}}-\sqrt{\frac{5}{.\dot{5}}}=37$ $\frac{5!}{5\times.5}-5-5=38$

$\frac{5}{.5}+5\times5+5=39$ $(\frac{5!}{5}\div\sqrt{\frac{5}{.\dot{5}}})\times5=40$

$(5+5)\times5-\frac{5}{.\dot{5}}=41$ $\frac{\frac{5}{.5}}{.\dot{5}}+\frac{5!}{5}=42$

$\frac{\frac{5}{.5}}{.5}-\sqrt{5\times5}=43$ $\frac{5}{.\dot{5}}\times5-\frac{5!}{5}=44$

$\frac{5!}{.5\times5+.5}+5=45$ $\frac{5!}{\sqrt{\frac{5}{.\dot{5}}}}+\sqrt{\frac{5}{.\dot{5}}}=46$

$\frac{5!}{5}+\frac{5!-5}{.5}=47$ $.5\times5!-\frac{5!}{5\times5}=48$

$(5-\frac{5}{5})!+5\times5=49$ $5!-.5\times5!-5-5=50$

$\frac{5}{5}+(5+5)\times5=51$ $\frac{\frac{5!}{5}-.5}{.5}+5=52$

$\frac{5!\times5!}{5}+\sqrt{5\times5}=53$

$5!-[.5\times5!+(\sqrt{\frac{5}{.\dot{5}}})!]=54$

$(5!-5-\sqrt{5\times5})\times.5=55$

$(5+5)\times5+(\sqrt{\frac{5}{.\dot{5}}})!=56$

$5!-\frac{5}{.\dot{5}}-5\times5=57$ $5!\times.5-5+\sqrt{\frac{5}{.\dot{5}}}=58$

$\frac{5}{.\dot{5}}+(5+5)\times5=59$ $(5+5)\times5+(5+5)=60$

$\frac{(\sqrt{\frac{5}{.\dot{5}}})!\times5+.5}{.5}=61$ $.5\times5+5-\sqrt{\frac{5}{.\dot{5}}}=62$

$5\times5\times5\times.5+.5=63$ $\frac{5!}{\sqrt{\frac{5}{.\dot{5}}}}+\frac{5!}{5}=64$

$(\sqrt{\frac{5}{.\dot{5}}})!\times(5+5)+5=65$

$5!-(\sqrt{\frac{5}{.\dot{5}}})!\times\frac{5}{.\dot{5}}=66$

$(\frac{5!}{.5}\div\sqrt{\frac{5}{.\dot{5}}})-5=67$ $(5\times5+\frac{5}{.\dot{5}})\div.5=68$

$\frac{5!}{5}+\frac{5}{.5}\times5=69$ $5!-5\times5-5\times5=70$

$\frac{5!}{.\dot{5}}-5!-5\times5=71$ $(5+\frac{5}{5})!\div(5+5)=72$

$(5!+5\times5)\times5+.5=73$ $\frac{5!}{5}+(5\times5)\times5=74$

$\sqrt{\frac{5}{.\dot{5}}\times5\times5}\times5=75$ $\frac{5\times5}{.\dot{5}\times.\dot{5}}-5=76$

$\frac{5!+5!+5!}{5}+5=77$ $5\times(\frac{5!}{.5}-.5\times5!)=78$

$.5\times5!+\frac{5!}{.5}-5=79$ $\frac{(\frac{5}{.\dot{5}}\times5)-5}{.5}=80$

$(\sqrt{\frac{5}{.\dot{5}}})^5\div\sqrt{\frac{5}{.\dot{5}}})=81$ $\frac{5!-5}{.\dot{5}}-5!-5=82$

$\frac{5!}{.\dot{5}\times.\dot{5}}-5\times5=83$ $5!\div\frac{.\dot{5}}{.5}-\frac{5!}{.5}=84$

$5!-5\times5-5-5=85$ $\frac{5!}{.\dot{5}}-5!-5-5=86$

$5!-\frac{5}{.\dot{5}}-\frac{5!}{5}=87$ $5!-\frac{\frac{5}{.5}}{.\dot{5}^5}=88$

$.5\times5!+\frac{5!}{5}\div5=89$ $(\frac{5}{.\dot{5}}+\frac{5}{.\dot{5}})\times5=90$

$5!-(5-\frac{5}{5})!-5=91$ $\frac{5!-.5}{.5}-5!+5=92$

$5!-\frac{5!}{5}-\sqrt{\frac{5}{.\dot{5}}}=93$ $5!-\frac{5!+5+5}{5}=94$

$(5+5)\times\frac{5}{.\dot{5}}+5=95$ $\frac{5!+5!+5!+5!}{5}=96$

$\frac{5!}{5}-5!+\frac{5}{.5}=97$ $5!\div\frac{.\dot{5}}{.\dot{5}}-5-5=98$

$\frac{5!}{.\dot{5}\times.\dot{5}}-\frac{5}{.\dot{5}}=99$ $(\frac{5}{.\dot{5}}-5)\times5\times5=100$

040. 乘算奇观（1）

这道题共有六种解，分别如下：

1. 8×473=3 784
2. 9×351=3 159
3. 15×93 =1 395
4. 21×87=1 827
5. 27×81=2 187
6. 35×41=1 435

以上六种答案，左边的数字，刚好与右边的数字相同。

041. 叠加数字

两个最小的钱数分别是：1 元 5 角 $9\frac{28}{74}$分，1 元 2 角 $7\frac{8}{594}$ 分。

这些数字的和 =1+5+9+7+4+2+8=36。

和的数字与钱数的数字，刚好是不同的九个数字，所以能满足题意的要求。

042. 对数奇观

欧拉及泰特曾有关于这项数理的论文，除问题中所举的例子外，还有2个数：

log 237.5 812 087 593

=2.375 812 087 593，

log 3550.2 601 815 865

=3.5 502 601 815 865

043. 乘算奇观（2）

这道题有两个答案：

一是 9 801，一是 2 025。

$9\ 801=(98+1)^2=99^2=9\ 801$

$2\ 025=(20+25)^2=45^2=2\ 025$。

044. 奇异的数

这道题有三种答案：

（1）1 680

$1\ 680+1=1\ 681=41^2$，

$\frac{1}{2}\times1\ 680+1=841=29^2$；

（2）57 120

$57\ 120+1=57\ 121=239^2$，

$57\ 120\div2+1=28\ 561=169^2$；

（3）1 940 448

$1\ 940\ 448+1=1\ 940\ 449$

$=1\ 393^2$，

$1\ 940\ 448\div2+1=970\ 225$

$=985^2$。

045. 数字成方

第一行应填入下列三个数之一：219，273，327。如表示所示。

2	1	9
4	3	8
6	5	7

2	7	3
5	4	6
8	1	9

3	2	7
6	5	4
9	8	1

验算

$219\times2=438$　　$273\times2=546$

$219\times3=657$　　$273\times3=819$

$327\times2=654$　　$327\times3=981$

046. 一数分两数

设以x，y为两个数，根据题意，得：

$x-y=x^2-y^2$

$x-y=(x+y)(x-y)$，

$\therefore x+y=1$

所以1也就是所要求的某数，凡两数之和等于1的，都能是这道题的答案。

例如 $\frac{2}{3}+\frac{1}{3}=1$；

$\frac{2}{3}-\frac{1}{3}=(\frac{2}{3})^2-(\frac{1}{3})^2=\frac{1}{3}$

其他的比如$\frac{4}{5}$，$\frac{1}{5}$；$\frac{4}{7}$，$\frac{3}{7}$；$\frac{3}{4}$，$\frac{1}{4}$……

这道题的答案有无穷个，读者可由此类推，但必须保持这两个分数（大小两个分数）之和等于1。

047. 汽车牌号

这个车的牌号为 4 185。

048. 记录牌号

两辆车的牌号一个是 96，一个是 8 745 231。 而 8 745 231 × 96= 839 542 176。等号左边的 9 个数字，与右边的 9 个数字相同，而 839 542 176，是最大的值。

049. 一桶啤酒

题中有 6 桶酒，现在想要卖出 5 桶，只须留 1 桶啤酒。想要知道用什么办法卖出，必须先知道这五桶酒的总量，必能被 3 除尽。乙商所买的酒是甲商所卖的酒的 2 倍。想要知道某数是否能被 3 除尽，也就是这个数的数字的和是否能被 3 除尽。如果某个数的数字的和能被 3 除尽，那么这个数就也能被 3 除尽。现在将六个数字的和，分为以下几个数：6，4，1，2，7，9。在这六个数中，只有 6+4+1+7+9=27 能被 3 除尽。由此知 20 斤的酒桶中必是啤酒。其余五桶分别卖给甲乙两位商人，甲商得到 18 千克一桶，15 千克一桶，共得 33 千克酒。乙商得 16 千克一桶，19 千克一桶，31 千克一桶，共 66 千克。乙商所买的酒，正好是甲商的两倍。

050. 抽屉趣题

A 柜有一个答案：

$$\begin{array}{r} 107 \\ +249 \\ \hline 356 \end{array}$$

B 柜有三个答案：

$$\begin{array}{r} 134 \\ +586 \\ \hline 720 \end{array} \qquad \begin{array}{r} 134 \\ +568 \\ \hline 702 \end{array} \qquad \begin{array}{r} 138 \\ +269 \\ \hline 407 \end{array}$$

C 柜有两个答案：

$$\begin{array}{r} 235 \\ +746 \\ \hline 981 \end{array} \qquad \begin{array}{r} 657 \\ +324 \\ \hline 981 \end{array}$$

以上六个答案，如果各将第一行数字与第二行数字互相调换，又能得到六个不同的答案。

051. 数环相乘法

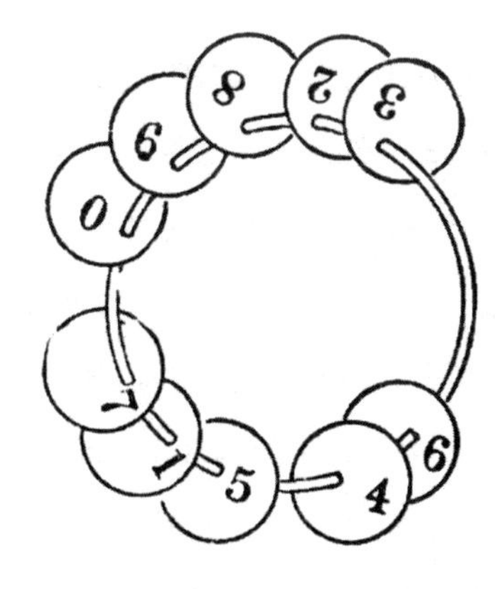

如图，715 为第一组，

46 为第二组，

32 890 为第三组，

第一组与第二组相乘，所得的乘积，正好等于第三组的数字，也就是

46×715=32 890。

052. 四个立方体

立方体的六面各有不同的六个数字，即1，2，3，4，5，6。读者们既然知道6也可以代替9，所以每立方体上需要增加一个9字。我们可以确定各四位数中的数字，不会超出1，2，3，4，5，6，9七个数字的范围，所以用排列的方法，求得不同四位数共有若干种。

用1，2，3，4，5，6，9每次取四个数字排成一个四位数得到下式，

$$P_7^4=\frac{7!}{(7-4)!}=\frac{7\times6\times5\times4\times3\times2}{3\times2\times1}$$

$$=7\times6\times5\times4=840。$$

由上式可知无重复数字的四位数字排列方式共有840种，每种中都含有四个数字，所以全体数字个数的总和是840×4 = 3 360（个）。但这3 360个数字中，由七种不同的数字（即1，2，3，4，5，6，9）混杂而成。由此可知每个数字各有(3 360÷7)= 480（个），而每个数字占千位位置，百位位置，十位位置，以及个位位置时，也各有(480÷4)=120（次）。设这个数字为1，那么所有数的总和应如下式所示：

(120×1 000)+(120×100)+(120×10)+(120×1) =120 000+12 000+1 200+120=133 320。

设这个数字为2，那么所有的数应为133 320×2，由此推知3，4，5，6，9等数字各得133 320的三倍，四倍，五倍，六倍，九倍。

由此知840种不同的四位数，这些数的总和，应如

133 320 × (1+2+3+4+5+6+9)

=133 320 × 30 = 3 999 600。

3 999 600就是本题的答案。

053. 九个酒桶

九桶应排列如下：

2，　78，　156，　39，　4，

总共搬动五个桶，此外还有三种方法，但方法太过繁琐，不合题意。

054. 排数成环

读者想知六个数的由来不得不先弄清楚下面的定理：

甲数的平方与乙数的平方之差，等于甲数与乙数（较小的数）的和，乘甲数与乙数之差也就是

$A^2-B^2=(A+B)(A-B)$。

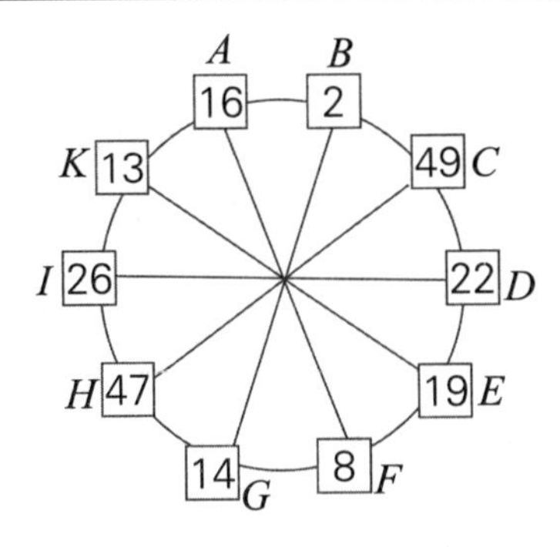

设A=7，B=3，代入上式，得

49−9=(7+3) (7−3)，

∴ 40=10×4=40。

这个公式也能应用在这道题上。

题中有已知的 4 个数，即 A=16，B=2，F=8，G=14，A 与 F，B 与 G 都是相对的两个数，A 的平方与 F 的平方之差是 192，B 的平方与 G 的平方之差也是 192，由此推知凡方形内相对两数平方之差，都具有同样的差（也就是 192)。

现在将 192 分为 5 种偶数因子如 2×96，4×48，6×32，8×24，12×16，各项除以 2，得 1×48，2×24，3×16，4×12，6×8，由以上两式中的各值代入下式：

$(x-y)(x+y)=2\times96$

$(x-y)(x+y)=4\times48$

……………………………

……………………………

以 2 除各项

$\frac{x-y}{2}\ \frac{x+y}{2}=1\times48$

或 $=2\times24$

或 $=3\times16$

或 $=4\times12$

或 $=6\times8$

又 $x=\frac{x-y}{2}+\frac{x+y}{2}$

$=1+48=49$

$\frac{x-y}{2}+\frac{x+y}{2}=2+24=26$

$\frac{x-y}{2}+\frac{x+y}{2}=3+16=19$

$\frac{x-y}{2}+\frac{x+y}{2}=4+12=16$

$\frac{x-y}{2}+\frac{x+y}{2}=6+8=14$

$y=\frac{x+y}{2}-\frac{x-y}{2}=48-1=47$

$\frac{x+y}{2}-\frac{x-y}{2}=24-2=22$

$\frac{x+y}{2}-\frac{x-y}{2}=16-3=13$

$\frac{x+y}{2}-\frac{x-y}{2}=12-4=8$

$\frac{x+y}{2}-\frac{x-y}{2}=8-6=2$

以上求出的 10 个数，除 16，14，8，2，是已知外，其余的 6 个数字按照 49， 22，19，47，26，13 的 顺序，依次填入 C，D，E，H，I，K 六方形内即可。

055. 奇特的算法

因 5 为 V，

0 为 O，

1 为 I，

500 为 D，

合成英语 VOID，意思是空的。

056. 渔翁妙语

这个人其实并没有钓到鱼，说无头的 6，6 字没有头是 0，说无尾的 9，9 字没有尾巴也是 0，8 的一半还是 0。

057. 新奇加法

淘气的小孩先画六画 111 111 在石板上，每两画之间的距离相等，然后在第一第二画间，画一斜线，成 N，又在第四第五画间，画一斜线，又成一 N。最后在第六画的右边，平画三横，成 E 字，六画五画合成 N1N E，是 9。所以说 6 加 5 等于 9。

058. 巧分十一

11 即是 XI，画横线将其二等分，则成 ，这两分为 VI 及ΛI，也就是 VI 与 IV，也就是 6 与 4，所以其和为 10。

059. 巧分十八

学生先在纸上画被除数，也就是 18，后画一横线如图所示，于是将 18 分为二等分，而各是 10。

18

060. 奇妙算法

这道题列式如下：

SIX	IX	XL
-IX	-X	-L
S	I	X

SIX 为 6，所以余数的和 =6。

第二章 金钱趣题

061. 奇法济贫

给的方法有 6 种:

(1) 19 男 5 女; (2) 16 男 10 女;

(3) 13 男 15 女; (4) 10 男 20 女;

(5) 7 男 25 女; (6) 4 男 30 女。

所以最多只能给 6 年，不然与老人遗嘱的条件不符合。

062. 破天荒的分金法

只要将 1 000 000 元，由十进法改为七进法，可立即得到分配的方法。

$(1\ 000\ 000)_{10}$ 元改为七进制，为 $(11\ 333\ 311)_7$ 元，也就是得 1 元的 1 人，得 7 元的 1 人，得 49 元的 3 人，得 343 元的 3 人，得 2 401 元的 3 人，得 16 807 元的 3 人，得 117 649 元的 1 人，得 823 543 元的 1 人。共 16 人将 1 000 000 元按照这个分法分尽。此外没有其他的分法。

063. 慈善的富翁

设 y 代 365 人中 1 人所得之款，x 代 312 人中 1 人所得之款。

得不定方程式如下:

$312x+1=365y$。

即 $x=\dfrac{365y-1}{312}=y+\dfrac{53y-1}{312}$。

因 x 及 y 都是整数，所以 $\dfrac{53y-1}{312}$ 也一定是整数。设 $\dfrac{53y-1}{312}=m$，那么 $x=y+m$，而 $y=\dfrac{312m+1}{53}=5m+\dfrac{47m+1}{53}$。

设 $\dfrac{47m+1}{53}=n$，$y=5m+n$，而 $m=\dfrac{53n-1}{47}=n+\dfrac{6n-1}{47}$，设 $\dfrac{6n-1}{47}=p$，则 $m=n+p$，而 $n=\dfrac{47p+1}{6}=7p+\dfrac{5p+1}{6}$。

设 $\dfrac{5p+1}{6}=q$，则 $n=7p+q$，而 $p=\dfrac{6q-1}{5}=q+\dfrac{q-1}{5}$。

设 $\dfrac{q-1}{5}=r$，则 $p=q+r$，而 $q=5r+1$。

$\therefore p=q+r=5r+1+r=6r+1$。

$\therefore n=7p+q$，

$=7(6r+1)+5r+1=47r+8$。

又 $m=n+p=47r+8+6r+1=53r+9$。

$y=5m+n=5(53r+9)+47r+8$

$=312r+53$。

$x=y+m=312r+53+53r+9$

$=365r+62$。

设 r 的值 =0，1，4，5，

则 x 的值 =62，427，…

则 y 的值 =53，365。

x，y 的正整数值，只限制最小的而没有限制最大，答案无限，但这道题中只须一最小值，也就是 $x=62$，$y=53$。由此可知，这个富翁拨出的存款为

$312\times62+1=19\,345$（元），

$365\times53=19\,345$（元）。

064. 遗产分配

这个是差分法，五子四女与遗产所得之连比为30:8:1，所以五子所得共为6 000 元，每子得 1 200 元，四女所得共为 1 600 元，每女得 400 元，遗孀得 200 元。

065. 五子分金

这 200 元，共有 6 627 种分法；长子可任意取 1，2，3，4，5，6，7，8，9，10 或 11 块钱。如果取 1 元，那么其余的钱共有 1 005 种分法；如果取 2 元，那么剩下的钱有共有 985 种分法；如果取 3 元，那么剩下的钱共有 977 种分法；如果取 4 元，那么余钱共有 903 种分法；如果取 5 元，那么余钱共有 832 种分法；如果取 6 元，那么余钱共有 704 种分法；如果取 7 元，那么余钱共有 570 种分法；如果取 8 元，那么余钱共有 388 种分法；如果取 9 元，那么余钱共有 200 种分法；如果取 10 元，那么余钱共有 60 种分法；如果取 11 元，那么余钱共有 3 种分法；如果取出的多于 12 元，那么余钱就没办法分了，所以只有上面所说的 6 627 种。至于这 6 627 种分法究竟是怎么得来的，确实很难说，就用长子取 6 元，并且列出下面两个式子加以说明。

（1）

长子 =6，

次子 $=n$，

三子 $=(63-5n)+m$，

四子 $=(128+4n)-4m$，

五子 $=3+3m$。

（2）

长子 =6，

次子 $=n$，

三子 $=1+m$，

四子 $=(376-16n)-4m$，

五子 $=(15n-183)+3m$。

（1）式中，n 可以用从 1 到 12 这些数代替，而 m 可以用从 0 到 $31+n$ 这些数代替。（2）式中 n 可以用从 13 到 23 的各数代替，而 m 可以用 0 到 $((93-4n)$ 的各数代替。所以（1）式中 n 为任一数时，m 便可以有 $(32+n)$ 种变化。（2）式中 n 为任何數，m 都有 $(94-4n)$ 种变化。全部数统计一下，（1）式中共可得 462 种，而（2）式中则可得 242 种，它们的和为 704 种。例如用 5 代（1）中的 n，用 2 代（2）中的 m，再用 13 代（2）中的 n，用 0 代（2）中的 m，可得到下面两个表：

（3）

长子 =6，

次子 =5，

三子 =40，

四子 =140，

五子 =9，

和 = 200。

（4）

长子 =6，

次子 =13，

三子 =1，

四子 =168，

五子 =12，

和 =200。

设：用这些数，按照题意实验，可得知它们适合所设的条件。这里不过是列举两个例子，其余的也可依照此例求得。

066. 奇妙的储金

至少要存 1 631 432 881 枚铜元，这个童子才能得到 6 次奖品，因此这个童子这一辈子都不可能得到这么多钱。某君的这句话只是玩笑。至于 1 631 432 881 是怎么得来的，也很有意思。详述如下：

所有可以排成正三角形的数，叫做三角形数，1，3，6，10，15 等都是。这些三角形数的平方，用 8 来乘，加 1，如果能成一个平方数，那么这个三角形数的平方，也一定是三角形数。列表如下：

$8\times1^2+1=3^2$，

$8\times6^2+1=17^2$，

$8\times35^2+1=99^2$，

$8\times204^2+1=577^2$，

$8\times1\,189^2+1=3\,363^2$，

$8\times6\,930^2+1=19\,601^2$，

$8\times40\,391^2+1=114\,243^2$，

上列各数的求法可以用下面各式表示：

$(1\times3)+(3\times1)=6$，

$(8\times1)+(3\times3)=17$，

$(1\times17)+(3\times6)=35$，

$(8\times6)+(3\times17)=99$，

$(1\times99)+(3\times35)=204$，

$(8\times35)+(3\times99)=577$。

根据上表可知 36，1 225，41 616，1 413 721，48 024 900，1 631 432 881 等数，可排成为以 6，35，204，1 189，6 930 及 40 391 等为一边的正方形，又可排成为以 8，49，288，1 681，9 800，及 57 121 等为一边的正三角形，又凡是正方形都可分为两个每边相差为一的正三角形，如图可知：

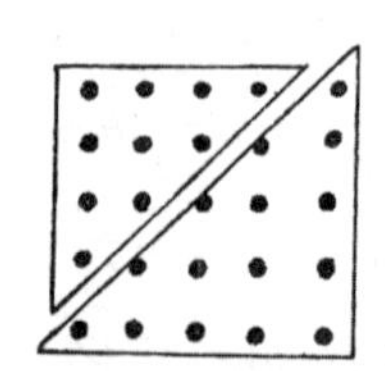
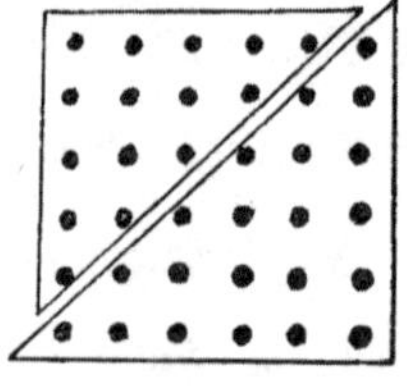

因此，上面六个数当然也能排成两个正三角形，又大于六的三角形数，恒可排成三个正三角形，这个不言而喻，最后结果如表说明：

总数	正方形的边	一个三角形的边	二个三角形的边	三个三角形的边
36	6	8	6+5	5+5+3
1 225	35	49	36+ 35	32+33+16
41 616	204	288	204+203	192+192+95
1 413 721	1 189	1 681	1 189+1 188	1 121+1 120+560
48 024 900	6 930	9 800	6 930+6 929	6 533+6 533+3 267
16 031 432 881	40 391	57 121	40 391+40 390	38 081+38 080+19 040

067. 九个储蓄罐

9 个储蓄罐能盛的钱数如下：

甲 =4，乙 =3 364，丙 = 6 724，丁 =2 116，戊 = 5 476，

己 =8 836，庚 =9 409，辛 =12 769，壬 =16 129。

以上都是平方数，分别是 2，58，82，46，74，94，97，113，127 的平方数，而甲与乙，乙与丙，丁与戊，戊与己，庚与辛，辛与壬的差，都是 3 360。

068. 卖牲口

因为这个人所有的牲口能分为相等的五群，可知牲口的总数一定是 5 的倍数，又有 8 个顾客得的牲口数相等，由此可知牲口数也必为 8 的倍数，也就是牛羊猪的总数一定是 40 的倍数，按照题意可知最大的数为 $40\times3=120$，因为如果是 40×4 共有 160 头，那么这 160 只全是最便宜的羊，共值 320 元，而这个人只有 301 元，因此不成立，现在既

然已知最大的数为 120 头，那么牛羊猪的数可有 2 种：（1）1 头牛，23 只猪，96 只羊；（2）3 头牛，8 只猪，109 只羊，但最初牛羊猪各为一群时，牛绝对不可能只有 1 头，所以可知（2）是正确的答案。

069. 牲口交易

甲有牲口 11 头，乙有 7 头，丙有 21 头，共有 39 头。

设甲所有 $=x$，乙所有 $=y$，丙所有 $=z$。根据题意，得

$$\begin{cases} 2(x-6+1)=y-1+6, \\ x+14-1=3(z+1-14), \\ z+4-1=6(y+1-4), \end{cases}$$

解方程，得 $x=11$，$y=7$，$z=21$。

070. 买橘子

买价每 100 个橘子需 96 元钱，原要价每 100 个 100 元钱，算法如下：

设每个橘子的原要价为 x，甲所给每只橘子的价为 y。根据题意，得

$$\begin{cases} 100x-40=100y \\ \dfrac{120}{x}+5=\dfrac{120}{y} \end{cases}$$

解方程组，得

$x=1$（元），$y=9.6$（元）。

071. 卖蛋奇语

这个人总共有 7 个蛋，第一次卖 4 个，第二次卖 2 个，第三次卖 1 个。

算法：因为第三次卖去剩下的一半又半个，所以第二次剩的是 1÷2+0.5，也就是第三次卖去 1 个。

第二次卖去第一次所剩下的一半又半个还余 1 个。所以，第一次所剩的一半为 1 个 +0.5 个，也就是 1.5 个，所以第二次卖去 l.5 个 +0.5 个，也就是 2 个。

由此可知第一次卖后，剩的是 2 个 +1 个，也就是 3 个，又因为第一次卖去所有的一半又半个，还余 3 个，所以 3 个 +0.5 个，也就是 3.5 个，是原有鸡蛋的一半，所以第一次卖去 3.5 个 +0.5 个，是 4 个。所以这个人原有蛋 3.5 个 ×2 也就是 7 个。

072. 杂货商与布商

某甲在中途休息半分钟，某乙休息八分半钟，共为九分钟，而乙为甲的 17 倍，甲包 48 包糖，需 24 分钟，加上休息的半分钟，共费时 24 分 30 秒，乙剪布 48 米只需剪 47 剪，需要费时 15 分 40 秒，加上休息的 8 分 30 秒，共费时 24 分 10 秒。由此可知乙胜出甲 20 秒，人们往往以为乙剪布 48 米需要费

时16分，共24分30秒，与甲所用的时间相等，所以不分胜负，其实错了。

073. 大小橘子

100个橘子中，大的61个，小的39个，在14个人中每个人买小的1个和大的4个，其余5人中每个人买小的5个和大的1个。

算法：设大橘为x个，小橘为y个。

根据题意，得

$$\begin{cases} x+y=100, \\ 4x+3y=19\times 19。\end{cases}$$

解方程组，得$x=61$，$y=39$。

买法：因19角钱可买两种橘子的方法只有两种：

（1）大1个，小5个，共6个；

（2）大4牧，小1个，共5个。

设卖6个的人数$=m$，卖5个的人数$=n$。根据题意，得

$$\begin{cases} m+n=19, \\ 6m+5n=100。\end{cases}$$

解方程组，得$rn=5$，$n=14$。

也就是卖大橘1个，小橘5个的5人；卖大橘4个，小橘1个的14人。

074. 三种蛋

卖出鹅蛋10个，鸭蛋10个，鸡蛋80个共100个；共得钱50+10+40=100（元），而鹅蛋与鸭蛋的数相同。

算法：设鸡蛋的数量$=x$，

鸭蛋的数量$=y$，

鹅蛋的数量$=z$，

但因为有两种蛋数量相同，可假定$x=y$，或$x=z$，或$y=z$。

先令$x=y$，那么

$2x+z=100$，

$\frac{10+5}{2}\times 2x+50z=1\ 000$。

解方程，得 $x=\frac{800}{17}$。

因为蛋的总数不能为分数，所以$x=y$不能用。

同理，知$x=z$，那么$x=0$，也不能用。

再令$y=z$，那么$2z+x=100$，

$60z+5x=1\ 000$。

解方程，得$z=10$。

由此可知，$z=10$，$y=10$，$x=80$。

075. 不擅经商的农夫

这个农夫所获得的利益为1头猪，因为有12头牛，而3头牛的价值等于两匹马，12头牛一定等于8匹马，15匹马的价值等于54只羊，8匹马一定等于$28\frac{4}{5}$只羊，又因为12只羊值20头猪，所以$28\frac{4}{5}$只羊，应当值48头猪，现在农夫共得49头猪，所以他的利益为1头猪。

076. 电机损益

这个人购买电机时原价一定是一台为 750 元，另一台为 500 元，共花费 1 250 元。现在卖出价只得 1 200 元，所以损失了 50 元。

077. 极大与极小

用九个数字表示镑、先令、便士，法寻的枚数，其最小值为 2 567 镑 18 先令 $9\frac{3}{4}$ 便士。

078. 英国货币

这道题的答案如下：

甲原有的货币为 2 枚双佛洛林 (8 先令)；

乙原有的货币为半镑及佛洛林各 1 枚 (12 先令)；

丙原有的货币为 1 枚克朗 (5 先令)；

丁原有的货币为 1 枚英镑 (20 先令)；

合计 货币 6 枚价值 (45 先令)。

所以 $8+2=12-2$

$=5\times2=20\div2=10$(先令)。

079. 有趣的英国货币

(1) 最大到 23 镑 19 先令 11 便士以上就不能得此结果；

(2) 最小至 13 镑，以下也不能得到这个结果。

080. 磅与先令

这个人最开始所有的钱一定是 19 镑 18 先令，共用去 9 镑 19 先令，余 9 镑 19 先令。

因此，此题是不定方程式，算法如下：

设最初镑数为 x，先令数为 y。根据题意，得

$$\frac{20x+y}{2}=x+\frac{20y}{2},$$

也就是 $20x+y=2x+20y$，也就是 $18x=19y$，

也就是 $x=\frac{19y}{18}=y+\frac{y}{18}$。

因 x 与 y 均为整数，所以可知 $\frac{y}{18}$ 为整数。

设：$\frac{y}{18}=m$，那么 $y=18m$.

令：$m=1$，那么 $y=18$，$x=19$，

也就是 19 镑 18 先令，半数为 9 镑 19 先令。

081. 英币怪数

这种怪数除 66 镑 6 先令 6 便士外，还有一数，也就是 44 444 镑 4 先令 4 便士，化成便士等于 10 666 612 便士，两种数字的和，都等于 28。尤为奇怪的是 10 666 612 一数中有四个数字为 6 666，正好与其他一数 66 磅 6 先令 6 便士相同。

082. 兑换美金

算法先将各币化为分数，那么商人所有是 50 分与 25 分；甲所有是 100 分，3 分，2 分；乙所有是 10 分，10 分，5 分，2 分，1 分，现在甲应给美商人 34 分，那么商人应有 109 分，甲应余 71 分，乙应有仍是 28 分，所以商人先取尽甲乙所有的货币，再给甲 50 分，10 分，10 分，1 分的货币各一枚，再给乙 25 分，3 分的银币各一枚，那么甲正好得到 71 分，乙正好得到 28 分，商人正好得到 109 分，而三人都各得圆满结果。

083. 六便士

甲最初有 $5\frac{1}{4}$ 便士，乙给甲 $5\frac{1}{4}$ 便士，共 $10\frac{1}{2}$ 便士，用去 6 便士，余 $4\frac{1}{2}$ 便士，丙给甲 $4\frac{1}{2}$ 便士，共 9 便士，用去 6 便士，余 3 便士，丁给甲 3 便士，共 6 便士，又用去 6 便士，所以没有剩余。

084. 邮票趣题

邮政员应当给这个人 5 分的邮票 8 张，3 分的邮票 5 张，明信片 30 张。

085. 过桥税

这位女士最初有 1 元 4 角；

第一次纳税 7（角）+1（角）=8（角），

第二次纳税 3（角）+1（角）=4（角），

第三次纳税 1（角）+1（角）=2（角）。

086. 计算储金

想求甲、乙两人各储金多少，应当先求其 5 年后共得薪金各多少？奇怪的是乙的所得好像少于甲，而实际上是多于甲。加上甲每年加 10 元，5 年只加 4 次共得 350 元，乙则每半年递增 2 元 5 角，五年后已加 9 次共得 362 元 5 角，按照下面的方程式可得其储金：

$350x+362.5\times 2x=268.75$。

解方程，得 $x=\frac{1}{4}$。

所以甲的储金 $=350\times\frac{1}{4}=87.5$（元）

乙的储金 $=362.5\times\frac{1}{2}=181.25$（元）

087. 钱的妙算

最初的总钱数一定是 42 元，第一次用去 22 元，第二次用去 12 元，第三次用 7 元，共用 41 元，还余 1 元。

088. 骗 表

这家店损失的是手表的本金 10 元，及找回的 5 元，共 15 元，至于卖表的收益应该是5元，只能算是没有收益，不能算损失发生了。

089. 饮 酒

这是因为第一日每侧5人，每人都敬同列的1杯，自陪1杯，每人共计共饮酒5杯，10人共饮50杯，所以值100元。第二日两侧的人数不同，1人一列的每人饮6杯，4人一列的每人饮4杯，共饮52杯，所以价值是104元。

090. 各有多少钱

求这道题的答案，用三元一次方程式就可求出，读者可验算。现在将答案列出如下：

甲原有的钱为13元，

乙原有的钱为7元，

丙原有的钱为4元。

实验：

第一局

甲　　乙　　丙

13 － 7 － 4　　7+7　　4+4

第二局

甲((2+2)　　乙(14 － 10)　　丙(8+8)

第三局

甲(4+4)　　(4+4)　　丙(16 － 8)

=8元　　=8元　　=8元

甲损失13 － 8=5（元），

乙赢得8 － 7=1（元），

丙赢得8 － 4=4（元）。

091. 猜 钱

老乡猜钱，有损无益，赌得越久，此人就损失就越大，设第一次这个人输了，那么这个人口袋中的钱只除$\frac{1}{2}$，第二次这个人赢，那么他口袋中的钱为

$$\frac{1}{2}+(\frac{1}{2}\times\frac{1}{2})=\frac{3}{4};$$

设第三次这个人输，那么他所有的钱为：

$$\frac{3}{4}-(\frac{3}{4}\times\frac{1}{2})=\frac{3}{8},$$

第四次这个人赢，那么此人所有的钱为：

$$\frac{3}{8}+(\frac{3}{8}\times\frac{1}{2})=\frac{9}{16},$$

直到第六次时，此人所有的钱只有

$$\frac{3}{2}\times(\frac{9}{16}-\frac{9}{16}\times\frac{1}{2})=\frac{27}{64},$$

由此类推，这个人赌的时间越久损失就越大，至于胜负的顺序，读者可以任意选定。也就是先假设此人输，后假设此人赢，或先假设此人赢，后假设此人输，但须保持输赢的次数相等，都会得相同的答案，读者可去试一试吗？

092. 赌猜拳

这道题的解法如下：设猜拳的人数为n，那么最初各人所持的钱数$=m(2^n)$，

那么最后输的人最初所持的钱数必定是$m(n+1)$，前面输的人最初有的钱数一定是$m(2n+1)$，再前面输的人必定是$m(4n+1)$，再前者必定是$m(8n+1)$，推至第一输的人当比赛时所有的钱数一定是$m(2^6n+1)$，现有$n=7$而最后各人所有的钱数为$128=m\times 2^7$，所以$m=1$，庚最初所有的钱数8元，已15元，戊29元，丁57元，丙113元，乙225元，甲449元。

093. 马车载客

乘这个马车去游戏的有男2人，女2人，夫妇11对，共26人，共得10元。

算法：设男子的人数为x人，

女子的人数为y人，

夫妇的数为z人，

那么 $$\begin{cases} x+y+2z=26, \\ 4x+2y+8z=100, \\ x=y。\end{cases}$$

解方程组，得$x=2$，$y=2$，$z=11$。

094. 用钱占卜

五个铜钱同时掷下，其中字背的变化有32种，合于吉卦的条件的只有12种，列表如下：

吉：

5字……………………………1种

5背……………………………1种

4字1背………………………5种

4背1字………………………5种

凶：

3字2背………………………10种

3背2字………………………10种

共计…………………………32种

095. 和与积相等

两数的和等于两数的乘积，有无穷多对，如2与2，3与$1\frac{1}{2}$，4与$1\frac{1}{3}$，5与$1\frac{1}{4}$……等都是。

算法：设两数分别为a与b，那么$a+b=ab$，也就是$ab-a=b$，也就是$a(b-1)=b$，

所以，$a=\frac{b}{b-1}$，所以设$b=2$，那么$a=\frac{2}{1}=2$，

设$b=3$，那么$a=\frac{3}{2}=1\frac{1}{2}$。

第三章 时间趣题

096. 表和闹钟

闹钟1小时会比表快3分钟，20小时会快60分钟。但是，在20个小时内，闹钟比正确的时间快20分钟。因而此时正确的时间是7点40分，用它减去20小时就是昨天调整表和闹钟的时间，为11点40分。

097. 猜时间

设乙所想的时间为 m 时，所指的时间为 n 时：

因时针面上的数字是顺序排列的，任意从 n 时起，逆时针方向数，由1数到 n，那么最后一定会数至1时，从2数到 n，就一定会归于2时，同理由 m 起，就一定数至 m 时。只因所想的时间 m，可能在所指的时间 n 之后，所以用 $n+12$，不然令人无法数，那么最后必然是 m 时。

098. 双针一线

这时的时间一定是2时 $43\frac{7}{11}$ 分，算法：因时针走1格，分针走12格，也就是说分针走12格时，能超过时针11格，当午后两点钟时，分针在时针后10格；现在两针成一条直线，而方向相反，那么分针已经在时针前30格，即分针已超过时针40格，可以用比例法求其所需的时间如下：

$$12:11=x:40$$

$$\therefore x=\frac{12\times 40}{11}=43\frac{7}{11}$$

也就是此时为2时 $43\frac{7}{11}$ 分。

099. 秒针奇遇

圆中分针指在44分与45分之间，时针在11时与12时之间，而秒针为这两针的分角线，此时一定是11时44分 $51\frac{1\,143}{1\,427}$ 秒，第二次秒针为余下的时针分针的分角线时，一定是11时45分 $52\frac{496}{1\,427}$ 秒。

算法如下：

当分针指在44分时，秒针一定正指在12点的地方。而秒针分针的速度比等于 $1:\frac{1}{60}$，由此可知时针一定指在 $58\frac{2}{3}$ 分的地方。这个时候时针与分针间的分数为

$$58\frac{2}{3}-44=14\frac{2}{3}（分）。$$

设秒针为其余两针的分角线时，它们经过的分数为x，那么

$$x-\frac{x}{60}-44=\frac{1}{2}\left(14\frac{2}{3}-\frac{x}{60}+\frac{x}{720}\right)。$$

即 $\frac{1427x}{480}=154$。

解方程，得$x=\frac{154\times480}{1427}$，

即$x=51\frac{1143}{1427}$，

即11时44分$51\frac{1143}{1427}$秒，

同理可算出第二次的奇遇在

11时45分$52\frac{496}{1427}$秒。

100. 时间趣题

这时表上所指的时间是9时5分$27\frac{3}{11}$秒，（算法与上题同）第二次一定是2时54分$32\frac{8}{11}$秒，求法：把这个停的表放在镜前，可以马上看到正确的答案，但一定将XⅠ当作Ⅰ，X当作Ⅱ看，以此类推。

101. 两针换位

从午后3时到夜半12时，长针与短针互换位置总共36次，因为从n时到12时，其间长针与短针互换位置的次数，等于1到12–（n+1）的自然数的和。这道题n=3，所以12–(3+1) =8，而1+2+3+4+5+6+7+8=36，可知总共有36次。

从3时到12时，第一次换位的先后时间为3点$21\frac{53}{143}$分，与4点$16\frac{112}{143}$分，最后一次换位为10点$59\frac{83}{143}$分，与11点$54\frac{138}{143}$分，列公式如下：

按照以下这个公式可求得其间各次的时间，

$$a\text{点}\frac{720b+60a}{143}\text{与}b\text{点}\frac{720a+60b}{143}。$$

上式a可代替0，1，2，3，4，5，6，7，8，9，10，(0也就是12时)b可代替a之后到11的任何时间，例如a=8，b=11，那么就是8点$58\frac{106}{143}$分，与11点$44\frac{128}{143}$分，其长针与短针一定互换位置。

102. 两针相遇

每12点钟以内，时针与分针共相遇11次，用11除12点，得1点5分$27\frac{3}{11}$秒；也就是12点钟后时针与分针第一次相遇时。所以第二次相遇在2点10分$54\frac{6}{11}$秒时，第三次相遇在3点16分$21\frac{9}{11}$秒，第四次相遇在4点21分$49\frac{1}{11}$秒，其他的以此类推，所以题中的钟所指的时间，是分针与时针第四次相遇的时间，也就是：4点21分$49\frac{1}{11}$秒。

103. 三时针

因乙钟比甲钟每 24 小时慢 1 分钟，丙钟比甲钟每 24 小快 1 分钟，想要让三个钟再次同时向指 12 点处，就必须使乙、丙两个钟，其中一个比甲慢到 12 小时，一个比甲快到 12 小时；而 12 小时共有 720 分，也就是须 720 日后才可相同，现在从 1898 年 4 月 1 日正午至 1900 年 4 月 1 日正午正好是 730 日，因此知此时在 1900 年 4 月 1 日之前 10 日，也就是 1900 年 3 月 22 日正午时。（或者说我经常听人的说西历的年数如果用 4 能除尽，那一年一定是闰年；现在 1900 能用 4 除尽，二月里应该多一天，也就是这三个钟同时再指在 12 点处时，应当是这一年的 3 月 21 日。我的回答是说西历的年数如果是 100 的倍数，那么虽然能用 4 除尽，也不是闰年，但如果是 400 的倍数，又是闰年。现在 1900 是 100 的倍数，虽能用 4 除尽，而不能用 400 除尽，所以一定不是闰年。）

104. 表的快慢

我朋友说的绝对是错的，因为任何钟表，无论太快或太慢，分针都必须经过 $65\frac{5}{11}$ 格（该钟表上表示分的小格），分针与时针才能相遇，不然就是我朋友的表的构造不精准，分针的速度比正常的速度快 $\frac{5}{11}$ 格，或 $\frac{60}{143}$ 格。

105. 现在何时

此时一定是下午 9 点 36 分，因为从正午到这个时刻的 $\frac{1}{4}$ 是 2 点 24 分，从这个时刻到第二天正午的 $\frac{1}{2}$ 是 7 点 12 分，相加是 9 点 36 分。

106. 时刻妙算

下课时一定是 5 时 34 分，因为 3 时到 6 时共 180 分钟；设下课后离晚餐的时间为 x 分，根据题意，得

$$x=\frac{1}{4}\ (180-50-x)\ 5x=130。$$

解方程，得 $x=26$，

所以可知下课时为 5 时 34 分。

107. 日期妙答

这一天一定是星期日，因假设后天是（星期二）是昨日，那么今天是星期三；设前日（星期五）是明日的今日是星期四，星期三与星期日的距离隔了 2 天，星期四与星期日的距离也隔了 2 天。

108、奇妙钟面

钟面碎成 4 块，每块上数字之和是 20，形状如右图：

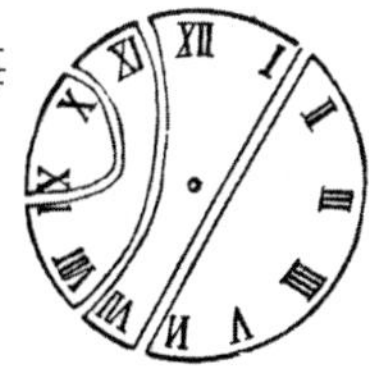

第四章 速度与路程

109. 一篮橘子

橘子共 50 个，他们的放置方法可用图表示；看下图可知

第一个橘子与第二个橘子之间的距离为 1，第一个橘子与第三个橘子之间的距离为

$1+3=2^2$,

第一个橘子与第四个橘子之间的距离为

$1+3+5=3^2$,

第一个橘子与第五个橘子之间的距离为

$1+3+5+7=4^2$,

由此推知第一个橘子与第 50 个橘子之间的距离为 49^2。小孩拾第二个橘子所要走的路，是这个孩子拾第一个橘子再放回篮子里他所走的路程为 2×1^2，拾第三个橘子所走的路为 2×2^2，拾第四个橘走所走的路为 2×3^2，拾第五个橘子所走的路为 2×4^2，拾第六个橘子所走的路为 2×5^2，由此推知拾第五十个橘子时，所走的路为 2×49^2，由此可知这个小孩共走的路程为：

$$2(1^2+2^2+3^2+4^2+5^2+\cdots+49^2)$$

用自然数平方的和的公式来求，这个孩子共走的路为：

$$2\times\frac{1}{6}\times49\times(49+1)(2\times49+1)$$
$$=\frac{1}{3}\times49\times50\text{x}99$$
$$=80\ 850\text{ 米}$$

110. 武士救友

出发时一定是午后 1 点，出发地距贼巢 60 千米，须行 12 千米/时。

算法：设距离为 x 千米。

那么 $\frac{x}{15}+1=\frac{x}{10}-1$,

解方程，得 x=60 千米。

111. 平均速度

一般人都认为船的平均速度为 12.5 千米/时，其实不是这样的，船的平均速度实际上是 12 千米/时；例如：甲地

第 109 题

到乙地是 60 千米，那么去时需 4 个小时，返回时需要 6 个小时；由此可知往返间行 120 千米，共须 10 个小时，平均速度为 12 千米 / 时。

112. 两车速度

这道题设以 x 为相遇前所行的时间，那么 $4:x=x:1$，也就是 $x^2=4$，$\therefore x=2$，那么二车的速度之比为

（2+4）:（2+1）=2:1。

113. 三村距离

甲乙丙三村为一个三角形，从丙村到甲乙间路上的寺庙为这个三角形的高，而分这个三角形为两个直角三角形，从乙村到庙之间的距离为 28 千米减 12 千米，也就是 16 千米；所以可知甲村到乙村等于 9 千米 +16 千米，也就是 25 千米，乙村到丙村为 20 千米，丙村至甲村为 15 千米。

因为 $12^2+16^2=20^2$，$12^2+9^2=15^2$。

114. 登山速度

想求其平均速度，一定要先求从山麓到山顶的路程，设从山麓到山顶的千米数为 x 千米。

根据题意，得 $\frac{x}{1.5}+\frac{x}{4.5}=6$。

也就是，$\frac{8x}{9}=6$ 也就是此人往返共行 $13\frac{1}{2}$ 千米，所以可知其平均速度每小时为 $\frac{13.5}{6}$ 千米。就是 $\frac{9}{4}$ 千米。

115. 车费几何

王君的家与体育场间的距离，正好等于甲某的家与体育场间距离的一半。所以王君一往一返的距离，等于甲某家与体育场的距离，甲某从家到体育场的车费为 $\frac{12}{2}=6$（元），所以王君每天只需出车费 3 元，因甲某也在车上各出车费的一半。

116. 乘车后到

按照甲某预定的速度，一定在火车到后 20 分才能达到，因为上山需要 1 个小时，下山需要 20 分钟，平原需要 30 分钟，共费时 1 小时 50 分钟，由午后 2 时至 3 时 30 分，只有 1 时 30 分钟，所以可知此人到站，车已经开了。

117. 自行车赛

这道题容易犯错的地方是认为甲乙两人同时回到出发点，其实并不是这样。甲往返这段路需要 4 小时，乙需要 $4\frac{1}{6}$ 小时，所以甲实际上比乙早。

118. 乘车竞赛

距离相同，乙所需要的时间是甲的

10 分 30 秒 ÷10 分 = $\frac{21}{20}$，丙为乙的 15 分 24 秒 ÷14 分 = $\frac{11}{10}$，也就是甲的 $\frac{21}{20}\times\frac{11}{10}=\frac{231}{200}$。丁为丙的 $\frac{12}{11}$，也就是甲的 $\frac{231}{200}\times\frac{12}{11}=\frac{63}{50}$，戊为丁的 $\frac{5}{6}$，也就是甲的 $\frac{63}{50}\times\frac{5}{6}=\frac{21}{20}$，所以甲乙丙丁戊之比为 $1:\frac{21}{20}:\frac{231}{200}:\frac{63}{50}:\frac{21}{20}$，也就是1 000:1 050:1 155:1 260:1 050;

然而丁需要 4 分 36 秒与戊相会，

∴戊走同样的距离需要 4 分 36 秒 $\times\frac{6}{5}$ =5 分 31 $\frac{1}{5}$ 秒，

所以戊走一周的时间为

1 分 30 秒 +4 分 36 秒 +5 分 31 $\frac{1}{5}$ 秒

=11 分 37 $\frac{1}{5}$ 秒，

而同距离甲的时间对于戊的时间之比为 1 000:1 050，

所以甲走一周的时间为

11 分 37 $\frac{1}{5}$ 秒 $\times\frac{1\,000}{1\,050}$

=12 分 12 $\frac{3}{50}$ 秒。

第五章 年龄趣题

119. 丢潘都的寿命

令丢潘都的年龄为 x 岁，依题意，得

$$\left(\frac{1}{6}+\frac{1}{12}+\frac{1}{7}\right)x+5+\frac{x}{2}+4=x$$

解方程，得 $x=84$。

所以丢潘都的年龄为 84 岁。

120. 猜年龄（1）

设这个人的生年十位上的数字为 x，个位上的数字为 y，依题意，得

$$124-(10x+2+y)$$
$$=124-10x-2-y$$
$$=122-10x-y。$$

以 10 乘十位上的数字，再加个位上的数字，已知其所生的年数的右两位数字与 2 的和，所以他的年龄不难猜到了。

121. 猜年龄（2）

甲加 115 于其余数 1008，得 1123，这个数的前两位为其诞生的月，后两位为其年龄，证明如下：

设年龄为 x，诞生的月份为 y，那么按照所说的算法。根据题意，得

$$(2y+5)50+x-365+115=100y+x。$$

因 y 的值最大是 12，乘 100，就一定是 100 的倍数，所以前两位为月数，又一般人的年龄少有过百的，所以后两位的数

字，毫无疑问一定是这个人的年龄。

122. 猜年龄（3）

设这个人的年龄为 x 岁，根据题意，得

$$\frac{3x+6}{3}=x+2$$

所以让人把商告诉我，其值必定比他年龄大 2。

123. 猜年龄（4）

通常记数都是用十进制，也就是以 10 为记数的底，然而记数法当然不限于 10 为底，只要是 1 以上，无论任何整数，没有不能取作底的；但以什么数为底，就是记数时所用的最大数字，也就是从 0 起到什么数为限，满限则仍为 1 而记到左边的位置。以十进制时，右端第一位为一位数，从右端起第 n 位所记的数，等于这个数字的值乘 10 的 $n-1$ 乘幂；所以以 r 进位，也就是自右端起至第 n 位所记的数，等于这个数的值乘 r 的 $n-1$ 乘幂，例如以 2 为底，那么从右端起第一位为 2^0，第二位为 2^1，第三位为 2^2，第四位为 2^3，以此类推。设有一个数为 37（十进位）若以 2 为底，就应该记为 100 101，也就是 37= 32+4+1，而 $32=2^5$；所以在第六位记 1，$4=2^2$，所以在第三位记 1；$1=2^0$，所以在第一位记 1；而第二位，第四位，第五位无字，所以记为 0，所以全数为 100 101。

第一表的构造就是这个道理，其第一行相当于第一位，第二行相当于第二位，第三行相当于第三位，其余类推；表中各数都是十进数，只有按照以 2 为底的记数法，写在相应的各行内，例如 37（十进制）应记为 100 101（二进制），所以把这个数放在第一，第三，第六三列，看表可知按照他的年龄在第一，第三，第六这三列，其实不只告诉你他的年龄为 1 与 4 与 32 三个数的和（因表中第一行的数为 1，2，4，8，16，32，……计算的人已暗记于心），所以计算的人以 1，4，32 三数相加从而可知他的年龄为 37。

制作表的时候，如果将 1 至 m（m 为任何数）各数，都改为二进制，然后放在相应的列内，那么就太麻烦，假如表中各数第一列为自然数的奇数，第二列为自 2 起的连续两数，依次每隔两数，连写两数，第三列为自 4 起的连续四个数，依次每隔四数连写四个数，依此类推第 n 列为自 $2n-1$ 起的连续 $n-1$ 个数，依次每隔 $n-1$ 个数，奇数则都是 2 的倍数加 1。以二进制记，第一列都有 1 字，所以第一列都是连续奇数，并且是 2 的倍数及 2 的倍数加 1，在二

进制中，第二位均无数字，所以第二列中不含有4，5，8，9，12，13 各数，而这些数每隔两数又有连续两数，所以其排列以两数相间，只要是4的倍数加1或2或3，在二进制中，第三位都没有数字，所以第三列中不含有8，9，10，11，16，17，18，19 等数，而这种数每隔4数就有连续4数，所以其排列法以四数相间；推之只要数为 2^n 倍数或 2^n 的倍数加1或2或3……或 2^n-1，那么在二进制中，第 n 位一定没有数字，所以第 n 列中不含有 2^n、2^n+1、2^n+2、……、$2^n+2^{n-1}+1$ 各数，而这些数每隔 2^{n-1} 个数，又有 2^{n-1} 个数，所以数的排列法以 2^{n-1} 个数相间。

虽然，万事开头难，亦贵在翻新得宜，以前的人以2为底而制作出第一表，现在人要学习其意，再制作出新的数表，那么数学游戏中也能找到更多的趣味。

第一表用二进制制作成，是最简单的，然而也不限于二进制，只要是二以上，无论任何整数，都能拿来作底，而另作其他表；如果以3为底，那么除 3^0，3^1，3^2，……这些数外，需要加 $2 \cdot 3^0$，$2 \cdot 3^1$，$2 \cdot 3^2$，……各数；以4为底，需添加 $2 \cdot 4^0$，$2 \cdot 4^1$，$2 \cdot 4^2$，……各数；以此类推到 n 为底，需要添加 $2n^0$，$3n^0$，$4n^0$，…，$(n-1)n^0$，$2n^1$，$3n^1$，$4n^1$，……各数；因以2为底，所用的有效数字只需一个1字，以3为底需用1，2两字，以4为底，需用1，2，3三字，以 n 为底，需用1，2，3……（$n-1$）个有效数字。

下列之第二表，是以3为底，第三表以4为底，每列各数排列的方法，与上述的规则相同，就不重复说明了，望读者谅解。

第二表

第一列	第二列	第三列	第四列	第五列	第六列	第七列	第八列
1	2	3	6	9	18	27	54
4	5	4	7	10	19	28	55
7	8	5	8	11	20	29	56
10	11	12	15	12	21	30	57
13	14	13	16	13	22	31	58
16	17	14	17	14	23	32	59
19	20	21	24	15	24	33	60
22	23	22	25	16	25	34	61
25	26	23	26	17	26	35	62
28	29	30	33	36	45	36	63
31	32	31	34	37	46	37	64
34	35	32	35	38	47	38	65
37	38	39	42	39	48	39	66
40	41	40	43	40	49	40	67
43	44	41	44	41	50	41	68
46	47	48	51	42	51	42	69
49	50	49	52	43	52	43	70
52	53	50	53	44	53	44	71
55	56	57	60	63	72	45	72
58	59	58	61	64	73	46	73
61	62	59	62	65	74	47	74
64	65	66	69	66	75	48	75
67	68	67	70	67	76	49	76
70	71	68	71	68	77	50	77
73	74	75	78	69	78	51	78
76	77	76	79	70	79	52	79
79	80	77	80	71	80	53	80

第三表

第一列		第二列		第三列		第四列		第五列		第六列	
1	129	2	130	3	131	4	132	8	136	12	140
5	133	6	134	7	135	5	133	9	137	13	141
9	137	10	138	11	139	6	134	10	138	14	142
13	141	14	142	15	143	7	135	11	139	15	143
17	145	18	146	19	147	20	148	14	152	28	156
21	149	22	150	23	151	21	149	15	153	29	157
25	153	26	154	27	155	22	150	16	154	30	158
29	157	30	158	31	159	23	151	17	155	31	159

（续表）

第一行		第二行		第三行		第四行		第五行		第六行	
33	161	34	162	35	163	36	164	40	168	44	172
37	165	38	166	39	167	37	165	41	169	45	173
41	169	42	170	43	171	38	166	42	170	46	174
45	173	46	174	47	175	39	167	43	171	47	175
49	177	50	178	51	179	52	180	56	184	60	188
53	181	54	182	55	183	53	181	57	185	61	189
57	185	58	186	59	187	54	182	58	186	62	190
61	189	62	190	63	191	55	183	59	187	63	191
65	193	66	194	67	195	68	196	72	200	76	204
69	197	70	198	71	199	69	197	73	201	77	205
73	201	74	202	75	203	70	198	74	202	78	206
77	205	78	206	79	207	71	199	75	203	79	207
81	209	82	210	83	211	84	212	88	216	92	220
85	213	86	214	87	215	85	213	89	217	93	221
89	217	90	218	91	219	86	214	90	218	94	222
93	221	94	222	95	223	87	215	91	219	95	223
97	225	98	226	99	227	100	228	104	232	108	236
101	229	102	230	103	231	101	229	105	233	109	237
105	233	106	234	107	235	102	230	106	234	110	238
109	237	110	238	111	239	103	231	107	235	111	239
113	241	114	242	115	243	116	244	120	248	124	252
117	245	118	246	119	247	117	245	121	249	125	253
121	249	122	250	123	251	118	246	122	250	126	254
125	253	126	254	127	255	119	247	123	251	127	255

第三表

第七行		第八行		第九行		第十行		第十一行		第十二行	
16	149	32	160	48	176	64	96	128	160	192	224
17	150	33	161	49	177	65	97	129	161	193	225
18	151	34	162	50	178	66	98	130	162	194	226
19	152	35	163	51	179	67	99	131	163	195	227
20	153	36	164	52	180	68	100	132	164	196	228
21	154	37	165	53	181	69	101	133	165	197	229
22	155	38	166	54	182	70	102	134	166	198	230
23	156	39	167	55	183	71	103	135	167	199	231
24	157	40	168	56	184	72	104	136	168	200	232
25	158	41	169	57	185	73	105	137	169	201	233
26	159	42	170	58	186	74	106	138	170	202	234
27	160	43	171	59	187	75	107	139	171	203	235
28	161	44	172	60	188	76	108	140	172	204	236
29	162	45	173	61	189	77	109	141	173	205	237
30	163	46	174	62	190	78	110	142	174	206	238
31	164	47	175	63	191	79	111	143	175	207	239
80	213	96	224	112	240	80	112	144	176	208	240
81	214	97	225	113	241	81	113	145	177	209	241
82	215	98	226	114	242	82	114	146	178	210	242
83	216	99	227	115	243	83	115	147	179	211	243
84	217	100	228	116	244	84	116	148	180	212	244
85	218	101	229	117	245	85	117	149	181	213	245
86	219	102	230	118	246	86	118	150	182	214	246
87	220	103	231	119	247	87	119	151	183	215	247
88	221	104	232	120	248	88	120	152	184	216	248
89	222	105	233	121	249	89	121	153	185	217	249
90	223	106	234	122	250	90	122	154	186	218	250
91	224	107	235	123	251	91	123	155	187	219	251
92	225	108	236	124	252	92	124	156	188	220	252
93	226	109	237	125	253	93	125	157	189	221	253
94	227	110	238	126	254	94	126	158	190	222	254
95	228	111	239	127	255	95	127	159	191	223	255

124. 未来的寿命

根据前面表格人的生死数，按照同样的方法，算出已经满 10 岁到 98 岁的人，未来的寿命如下表：

例如39岁的人，他的残年为28.00，也就是生存的年龄还有 28 年。

年龄	残年	年龄	残年	年龄	残年
10	48.36	40	27.28	70	8.53
11	47.88	41	26.56	71	8.09
12	47.00	42	25.84	72	7.67
13	46.32	43	25.12	73	7.24
14	45.61	44	24.40	74	6.86
15	44.95	45	23.68	75	6.48
16	44.26	46	22.97	76	6.15
17	43.27	47	22.26	77	5.70
18	42.89	48	21.56	78	5.41
19	42.18	49	20.86	79	5.02
20	41.49	50	20.16	80	4.77
21	40.79	51	19.41	81	4.47
22	40.09	52	18.89	82	4.18
23	39.38	53	18.16	83	3.76
24	38.63	54	17.50	84	3.64
25	37.81	55	16.86	85	3.36
26	37.27	56	16.05	86	3.07
27	36.56	57	15.59	87	2.84
28	35.85	58	14.98	88	2.59
29	35.10	59	14.36	89	2.39
30	34.43	60	13.41	90	2.11
31	33.72	61	13.18	91	1.88
32	33.01	62	12.68	92	1.67
33	32.29	63	12.05	93	1.47
34	32.58	64	11.50	94	1.28
35	30.81	65	10.97	95	1.12
36	30.16	66	10.02	96	0.98
37	29.31	67	9.93	97	0.88
38	28.72	68	9.46	98	0.75
39	28.00	69	8.99	99	0.50

125. 三童分苹果

因为三个孩子的年龄的比为 27:24:18，也就是 9:8:6，而他们年龄的和为23，由此可知：

长子得368只 × $\frac{9}{23}$ =144只

次子得368只 × $\frac{8}{23}$ =128只，

幼女得368只 × $\frac{6}{23}$ =96只。

同理知长子9岁，次子8岁，幼女6岁。

126. 儿童妙语

这个儿童的年龄一定是9岁，姐姐15岁，父亲45岁，母亲36岁。因为这个儿童还没出生的前一年，他的姐姐6岁，母亲27岁，姐姐的年龄是母亲的$\frac{2}{9}$，今年姐姐是父亲的$\frac{1}{3}$，这个儿童是母亲年龄的$\frac{1}{4}$，三年后这个儿童12岁，父亲48岁，这个儿童是父亲的$\frac{1}{4}$。

算法：

设父亲为a岁，母亲为b岁，姐姐为c岁，儿童为d岁，那么

$$\begin{cases} c-d=\frac{2}{9}(b-d), \\ c=\frac{1}{3}a, \\ d=\frac{1}{4}b, \\ d+3=\frac{1}{4}(a+3)。\end{cases}$$

解方程组，得$a=45$，$b=36$，$c=15$，$d=9$。

127. 八口之家

兄42岁，妻40岁，女10岁，子8岁；弟39岁，妻34岁，子14岁，女13岁。

128. 母亲年龄

父30岁，母25岁，子5岁，

算法如下：

设父亲的年龄为x，母亲的年龄为y，子的年龄为z，

根据题意，得

$$\begin{cases} x+y+z=60, \\ x=6z, \\ x+20=2(z+20)。\end{cases}$$

解方程，得$x=30$，$y=25$，$z=5$。

129. 夫妻年龄

乙54岁，乙妻45岁，他们的年龄和为99，差为9。

算法：设乙的年龄 = $10x+y$，

那么他妻子的年龄 = $10y+x$；

而

$(10x+y+10y+x)=11(10x+y-10y-x)$。

解之 $11x+11y=99x-99y$，

也就是 $4x=5y$，$x=\frac{5y}{4}=y+\frac{y}{4}$，

令$\frac{y}{4}=m$，则$y=4m$；

令$m=1$，则$y=4$，$x=5$。

所以乙的年龄为54岁，乙妻子的年龄为45岁。

130. 结婚时年龄

女士结婚时年龄一定是 18 岁，

算法：设 18 年前某君的年龄为 x 岁，女士的年龄为 y 岁，

根据题意，得

$x=3y$，$x+18=2(y+18)$，

解方程组，得 $x=54$，$y=18$。

131. 兄弟的年龄

哥哥的年龄一定是 33 岁，弟的年龄一定是 22 岁，算法如下：

设哥哥的年龄为 x 岁，弟的年龄为 y 岁。

根据题意，得

$$\begin{cases} x+7+y+7=69, \\ y=2[y-(x-y)]=4y-2x, \end{cases}$$

解方程组，得 $x=33$，$y=22$。

132. 姐妹的年龄

姐姐与妹妹的年龄之比一定是 5:3，姐 30 岁时，妹妹 18 岁，其和为 48 岁；所以如果妹妹将来的年龄为 54 岁时，3 倍于当姐姐年龄是妹妹年龄（6 岁时）3 倍时姐姐的年龄（18 岁）；那么当妹妹的年龄为 54 岁是 2 倍当妹妹的年龄为姐姐现在年龄的一半（即 15 岁）时姐姐的年龄（即 27 岁）。

算法：设姐姐的年龄为 x 岁，

妹妹年龄为 y 岁，

根据题意，得

$$\begin{cases} x+y=48 \\ \dfrac{3[3(x-y)]}{2}=2[\dfrac{x}{2}+(x-y)]。 \end{cases}$$

解方程组，得 $x=30$，$y=18$。

133. 年龄妙算

五个人的年龄如下：

阿大……24 岁，　阿二……12 岁，

阿三……6 岁，　阿四……4 岁，

阿五……2 岁。

134. 聪明的长子

长子 $24\frac{1}{2}$岁，小弟 $3\frac{1}{2}$岁，长子回答说：我的年龄刚好是弟弟年龄的七倍，现在长子大于最小的弟弟（1.5×14）岁，也就是 21 岁，正好比弟弟年龄大六倍。

135. 狗的年龄

这只狗的年龄为 10 岁。

算法：设五年前姐的年龄为 x 岁，

狗的年龄为 y 岁，

根据题意，得 $\begin{cases} x=5y, \\ (x+5)=3(y+5)。 \end{cases}$

解方程组，得 $x=25$，$y=5$，

∴今年姐姐的年龄 =25+5=30（岁），

今年狗的年龄 =5+5 =10（岁）。

第六章 度量衡趣题

136. 测算体重

A C 间距离为 x 米，

B C 间距离为 y 米。

设儿童的质量为 Q 千克，

按照杠杆定律，得两个方程式如下：

$x:y=$ Q 千克 :24 千克　　　(1)

$x:y=16.5:Q$　　　(2)

$\therefore Q:24=16.5:Q$，

$Q^2=24\times16.5=396$，

$\therefore Q=\sqrt{396}=19.90$ 千克。

137. 巧称鹿重

依据题意设支点为子，甲子的长为 a，乙子的长为 b，鹿质量为 x 千克，根据力学原理，得 $60a=45b$　　　(1)

同理，得

$(45+x)\ a=60b$　　　(2)

(1)、(2) 两方程式相除，

得

$$\frac{45+x}{60}=\frac{60}{45}$$

$$\therefore x=\frac{60^2-45^2}{45}=35$$

所以知鹿重 35 千克。

138. 分牛肉罐头

这个军官共有牛肉 15 罐，第一营得 8 罐，第二营得 4 罐，第三营得 2 罐，余一罐留着自己吃。

139. 巧用砝码

四块砝码的重量分别为 1 千克，3 千克，9 千克，27 千克，称物时用加减法，可称 1 千克到 40 千克的物品，例 如：2=3−1，4=1+3，5=9−1−3，6=9−3，8=9−1，11=9+3−1，其余的按照这个类推。

140. 愚农称草

先将十种已得的重量叠加，得1 156 千克，如用 4 除 1156，得 289 千克，289 千克也就是五捆草重量的总和，设以 A，B，C，D，E 代表由轻至重的这五捆草的重量，即以 A 代重量最轻的一捆，而以 E 代重量最重的一捆，110 千克是 A、B 两捆草重量的总和，112 千克一定是 A、C 两捆重量的和，121 千克一定是 E、D 两捆草的重量的和，120 千克一定是 C、E 两捆草的重量的和。

由此可知 A、B、D、E 四捆重量之和必是 110+121=231 千克，知道 C 捆的重量 = 289 千克一 231 千克 =58 千克，我们可以用最简单的减法求出其他四捆的千克数为：

A= 54 千克，B=56 千克，D=59 千克，E=62 千克。

141. 琵琶桶的争论

因琵琶桶上下对称，所以如 I 图桶的水面，上接桶角 a，下恰接角 b，那么水为半桶，如 II 图，c 在水平线上，则水少于半桶，如 III 图 d 在水平线下，水就多于半桶。

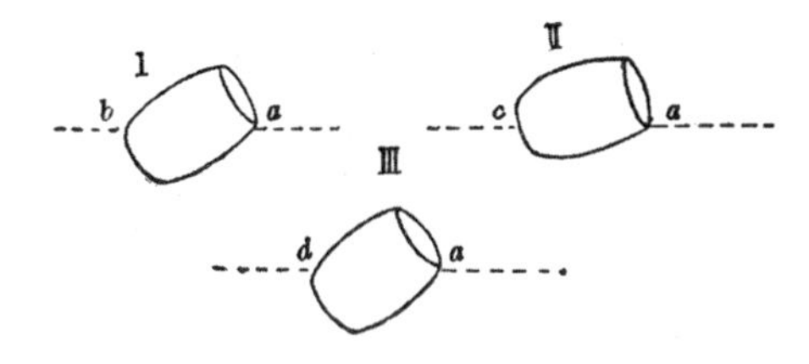

142. 调和酒水

设瓶的容量为 1，勺的容量为 x，那么甲瓶有酒$\frac{1}{2}$，乙瓶有水$\frac{1}{2}$。

混合后甲瓶有酒为

$$\frac{1}{2}-x+\frac{x^2}{\frac{1}{2}+x}=\frac{1}{2(1+2x)}$$

乙瓶的水为

$$\frac{1}{2}-\frac{\frac{1}{2}x}{\frac{1}{2}+x}=\frac{1}{2(1+2x)}$$

所以，甲瓶取出的酒与乙瓶取出的水相等。

143. 西医疑问

因为最初水与酒精的比例为 40：1，也就是瓶中每两水中加酒精 0.25 两 ÷10，也就是 0.025 两；现在取 0.25 两水与酒精的混合液，此时其中含酒精应该是 0.025 两 ÷4，也就是 0.00 625 两，水当为 0.25 减去 0.00 625 两得 0.24 375，用这个数与酒精 9.75 两相比，比为 1:40。所以这是酒精瓶中水与酒精之比为 1:40。

144. 水与酒

因第一杯中有酒$\frac{1}{2}$小杯，水应当是$\frac{1}{2}$小杯，第二第三杯中装酒$\frac{1}{3}$小杯，水当为$\frac{2}{3}$小杯，大杯中水酒之和中，酒应当为$\frac{1}{2}\times\frac{1}{3}+\frac{1}{3}\times\frac{1}{3}\times2=\frac{1}{6}+\frac{2}{9}=\frac{7}{18}$大杯。水当为 $1-\frac{7}{18}=\frac{11}{18}$大杯，大杯中水与酒之比为$\frac{11}{18}:\frac{7}{18}=11:7$（乘$\frac{1}{3}$的原因，因 3 小杯 =1 大杯）

145. 牛奶趣题

设牛奶的量为 1，水的量应当为 2，第一次 B 桶中是水 1 乳 1；A 桶中为水 1。

第二次 B 桶中为水$\frac{1}{2}$乳$\frac{1}{2}$，A 桶中

为水 $1\frac{1}{2}$ 乳 $\frac{1}{2}$。

此时 A 桶中水与乳之比为 3:1，

到第三次的方法，与水乳之比的值无关，所以人们喝到的牛奶，水与乳的比应当为 3:1。

146. 取酒奇算

瓶的容量能装 2.93 升（这是约数但小于 3 升）其求法如下式：

设 x 为瓶的容量，那么 $10-x$ 为第一次桶中所余的酒量，$\frac{10-x}{10}$ 为桶中每斤中的酒量，$\frac{10-x}{10}x$ 为第二次所取出的纯酒量；所以得方程式：

$$10-x-\frac{10-x}{10}x=5$$

解之，得 $x=2.93$，或 17.07，

但 $x\neq 17.07$，

所以 $x=2.93$ 升，也就是瓶的容量。

147. 取 酒

这道题的答案如下：

次数 \ 倒法	10 斤	10 斤	5 斤	4 斤
最初	10	10	0	0
第一次	5	10	5	0
第二次	5	10	1	4
第三次	9	10	1	0
第四次	9	6	1	4
第五次	9	7	0	4
第六次	9	7	4	0
第七次	9	3	4	4
第八次	9	3	5	3
第九次	9	8	0	3
第十次	4	8	5	3
第十一次	4	10	3	3

148. 巧妇分米

各器的容量	二斗四升	一斗三升	一斗一升	五升
最初	24	0	0	0
第一次	19	0	0	5
第二次	8	0	11	5
第三次	0	8	11	5
第四次	11	8	0	5
第五次	16	8	0	0
第六次	16	0	8	0
第七次	3	13	8	0
第八次	3	8	8	5
第九次	8	8	8	0

149. 酋长分马

酋长乘他的名叫追分的好马到甲某家，把追风夹杂在 17 匹马中，共为 18 匹马，于是让长子取 9 匹，并且说：18 的 $\frac{1}{2}$ 是 9；让次子取 6 匹，说：是 18 的 $\frac{1}{3}$；又让幼子牵 2 匹马，说 18 的 $\frac{1}{9}$。三子各牵走相应数字的马，只剩下追风，于是酋长驾马回去。

150. 巧分鸡蛋

三子争执不已，并告诉母亲，母亲带 1 个鸡蛋加入，让长子取 10 个，也就是 $20\times\frac{1}{2}$；次子取 5 个，也就是 $20\times\frac{1}{4}$；幼子取 4 个，也就是 $20\times\frac{1}{5}$，三子所得鸡蛋的和是 19，母亲把自己的鸡蛋带回。

151. 分 酒

第一法	满瓶	空瓶	半瓶
甲	2	2	3
乙	2	2	3
丙	3	3	1
第二法	满瓶	空瓶	半瓶
甲	3	3	1
乙	3	3	1
丙	1	1	5

152. 方 箱

这个箱子的边长是100寸，深11寸，可在它的底面装 $8\times9=72$ 块，这样的话可以叠11层，得792块，箱中还余深11寸，宽1寸，长100寸的空间，正好可以装8块，合计得800块。求法如下：

解：先求800块金砖的体积

得 $12.5\times11\times1\times800$

$=1\ 375\times800=1\ 100\ 000$

将1 100 000因数分解法解之得 $11\times100\times100$

因此可知其深为11寸，长宽各为100寸。

第七章 火柴趣题

153. 火柴趣题（1）

如图所示：

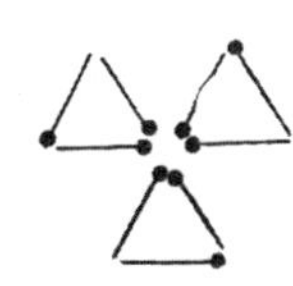

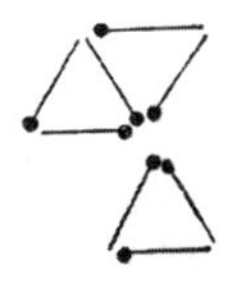

154. 火柴趣题（2）

将图（1）三支取去后，如图所示

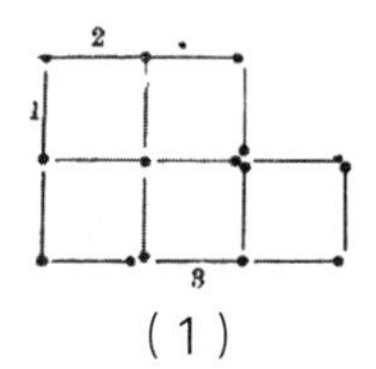

（1）

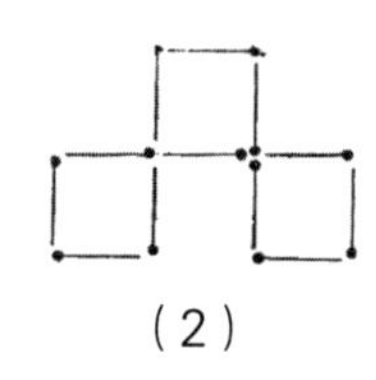

（2）

155. 火柴趣题（3）

将1，2，3，4，5，6各支取去，则成下图：

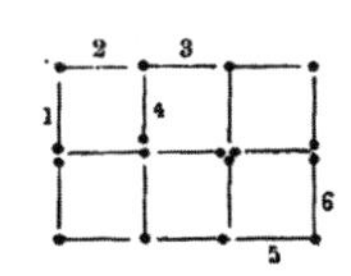

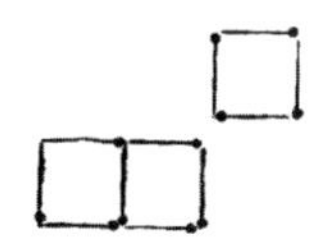

156. 火柴趣题（4）

将1，2，3，4，5，6各支取去，则成下图：

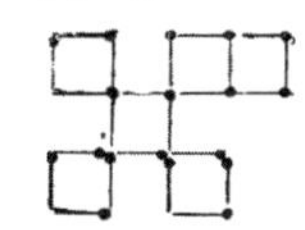

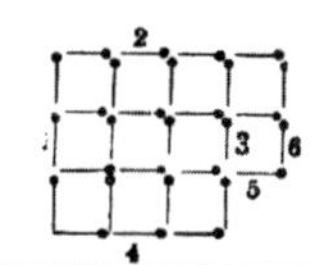

157. 火柴趣题（5）

移动后所成的形状如下：

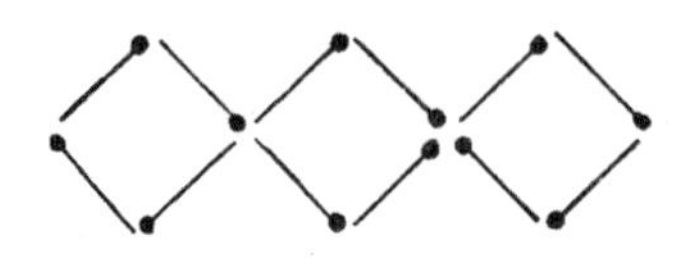

158. 火柴趣题（6）

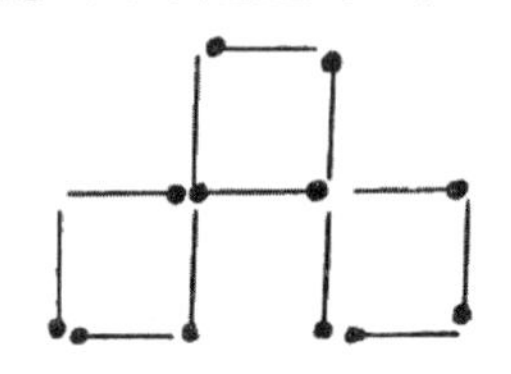

159. 火柴趣题（7）

移动如下：

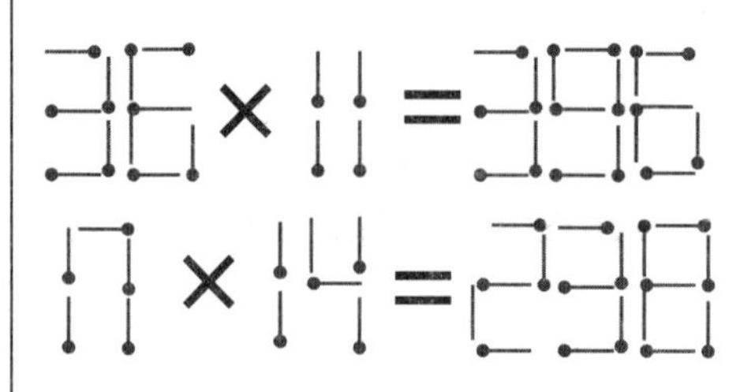

160. 火柴趣题（8）

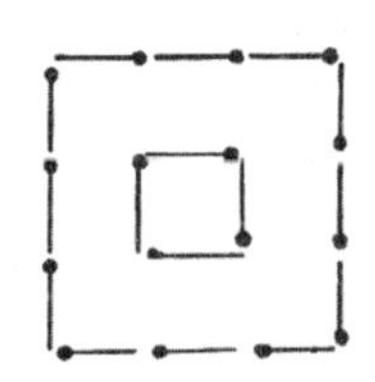

161. 火柴趣题（9）

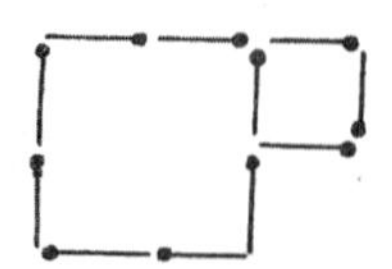

162. 火柴趣题（10）

所形成的图形如下图，也就是英语的爱情（LOVE）

163. 火柴趣题（11）

取走三支，形成下图：

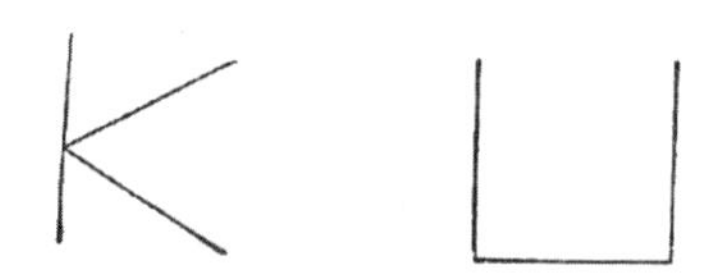

形如 KU 两个字母，它的音为日文字母“ク”，意思是九，所以说六等于九。

164. 火柴趣题（12）

取走 6 支火柴成下图：TEN，也就是十，所以也就是说 15−6=10。

165. 火柴趣题（13）

6 支火柴排列第一图，再加 3 支成第二图，而 HIUT 是法文的八，所以说 6+3=8。

第八章 魔幻方阵

166. 奇异纸条

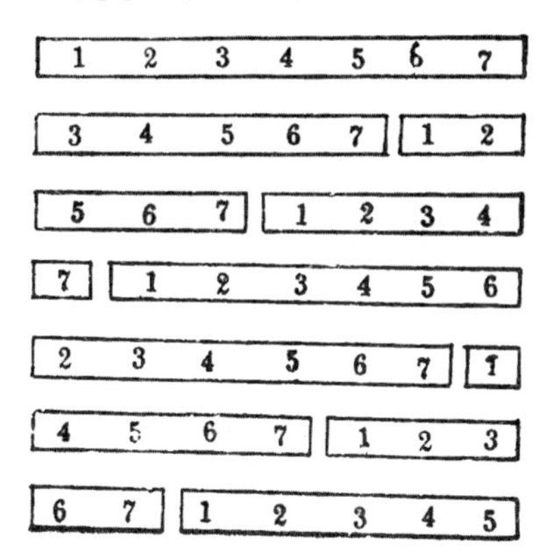

最简单的割法，共有六种，也就是留一张不割而割其余六张，共有十三块，然后将它们排列好，如图的割法，就是巧妙的一种割法，也就是割之后排成幻方，这个方法有很多，不胜枚举，如左图只是其一。

还有比这方法更好的，如果将第一排移到最下的一排，仍然成一幻方，然后再移动第二排到最下一排，也成幻方，如此循环不止，不仅仅横行是这样，直列也未尝不可，所以如果将右边第一列移到左边，也可得同样的桔果，也可以说是奇妙的了。

167. 移转数字成方阵

交换法有 2 种，每种方法都交换八次。

第一法

交换的数字

1 与 15，11 与 25，

3 与 21，5 与 23，

7 与 18，8 与 19，

9 与 12，14 与 17。

15	2	21	4	23
6	18	19	12	10
25	9	13	17	1
16	14	7	8	20
3	22	5	24	11

第二法

交换的数字

2 与 23，3 与 24，

4 与 12，14 与 22，

6 与 18，8 与 20，

10 与 11，15 与 16。

1	23	24	12	5
18	7	20	9	11
10	4	13	22	16
15	17	6	19	8
21	14	2	3	25

168. 奇次幻方的造法

造法一：先造图 3，从 1 到 n 的各数，顺序写在中央的行列内，然后在各斜行上填入相同的数，斜行上没有数字的，就填入与下斜行相对称的数字；再造第四图，将 0，1，2，……$(n-1)$ 各数的顺次写在中央各行列内，再依上法，将斜行内补入相同的数字，唯独图 3 是向左斜，图 4 则向右，然后用图 4 中各数乘以 n，加入图 3 相应格内的数字，那么就成图 1。

4	5	1	2	3
5	1	2	3	4
1	2	3	4	5
2	3	4	5	1
3	4	5	1	2

图 3

2	1	0	4	3
3	2	1	0	4
4	3	2	1	0
0	4	3	2	1
1	0	4	3	2

图 4

造法二：想要造 n 次幻方，先从外面多画数格，填入 1，2，…，n^2 各数，顺序横列在 n^2 方格内，然后用上方的三个偶数，也就是 2，4，8 写在方格下相应的方格内，在下的三数 22，18，24 则写在 n^2 格的上方，按照这个方式，在左面的三个偶数写在右面，右边的写到左面成图 5，移动到 n^2 的方格内，就成了图 1。

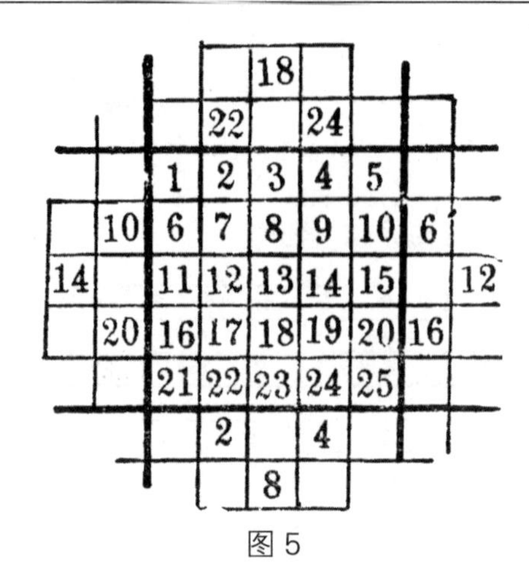

图 5

造法三：先在 n^2 的方格外，多作若干格，把 1 到 n^2 各数按顺序填入，如图 6，然后把周围的方格移入，（在右的向左移，在上的向下移，在左上角的向右下角移，其余都按照这个进行），于是成图 1。

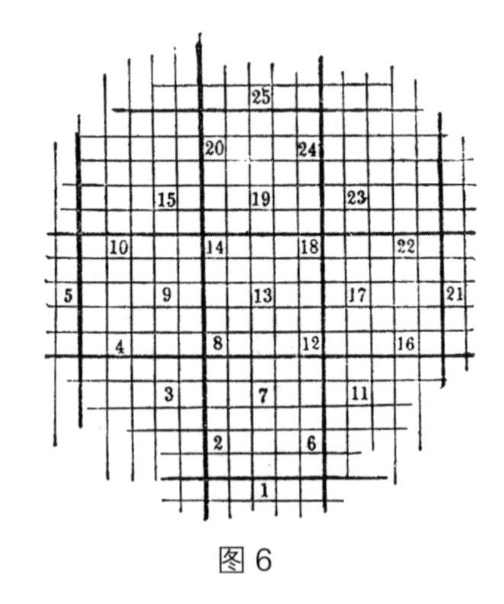

图 6

造法四：先作 n^2 的方格中的四条斜线，延长其相对两边，长度与斜线长度相同，成图 7，用连续各奇数填入 n^2 方格中的斜方格内，用连续的各偶数填入延长的方格内，然后将形外的三角形，按照其原来的位置，移入相当的方格内，成图 1，图 2 的造法相同。

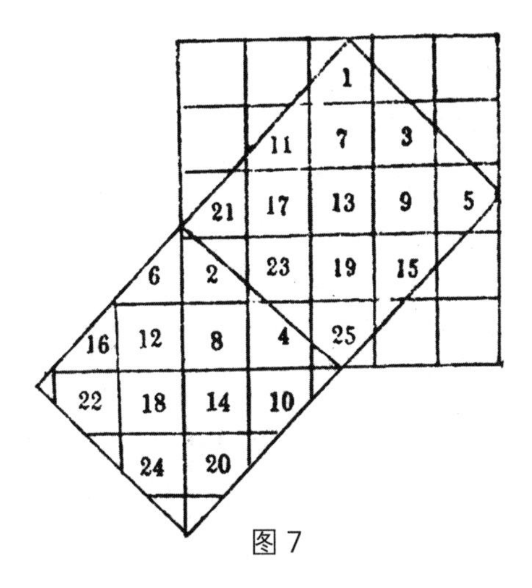

图 7

170. 同心方阵

图 1 的作法，将 1 到 n^2 各数，分排两行，（如 n 为奇数，那么中数位于两行之间，）然后按图中的线，排列于适当的方格内就成了。

将图 1 中心三次方阵旋转 90°，就成了图 2，旋转 180° 就成图 3，旋转 270° 就成了图 4。

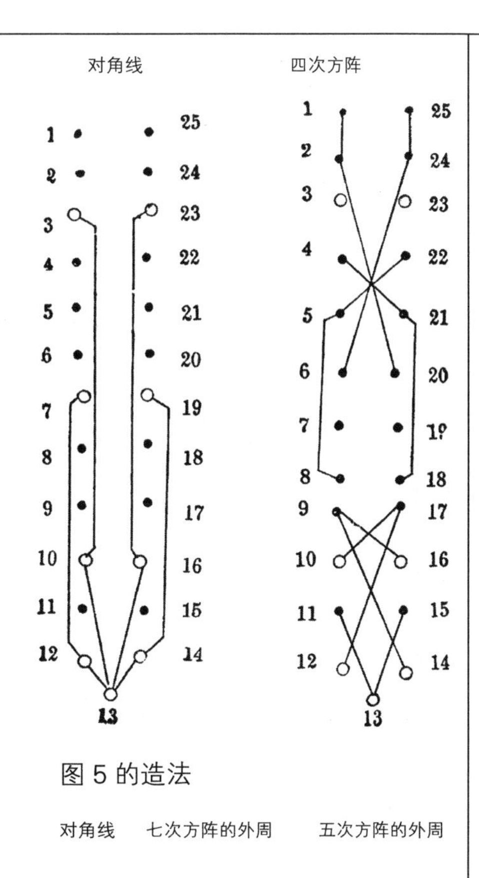

图 5 的造法

对角线　七次方阵的外周　五次方阵的外周

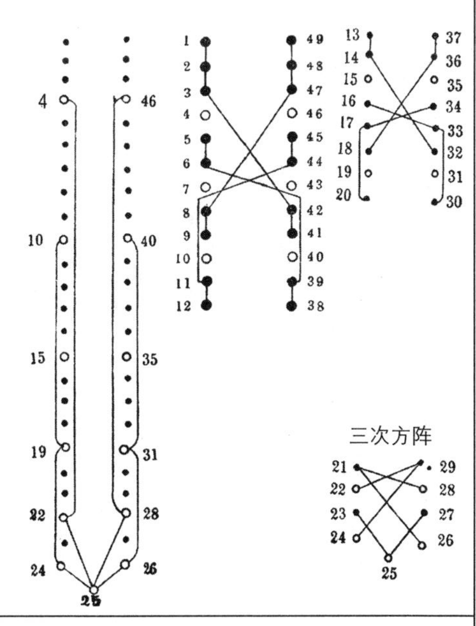

图 6 的造法

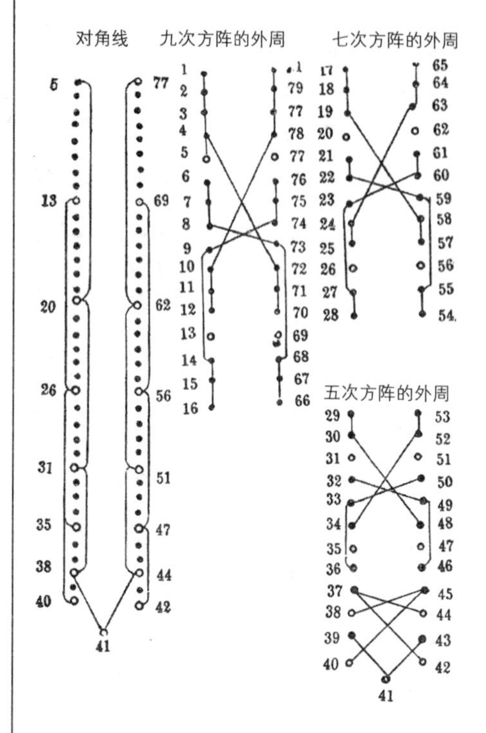

图 7 的造法

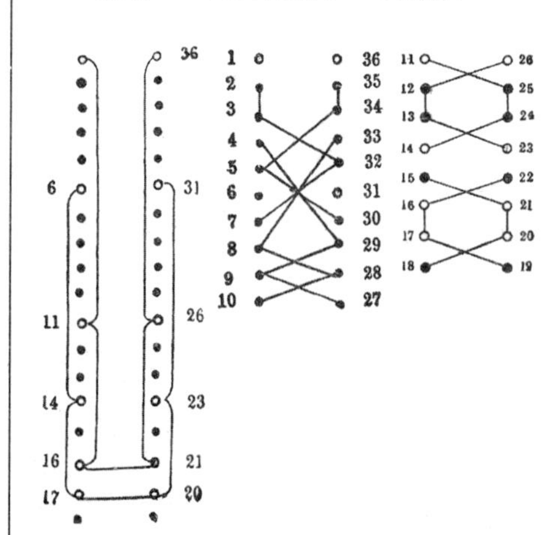

图 8 的造法

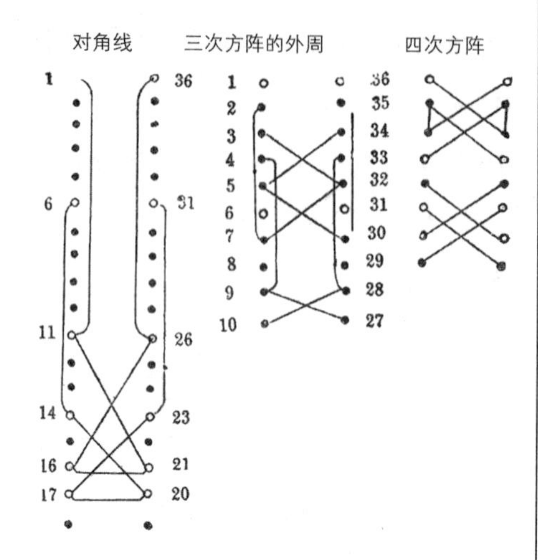

图 9 的造法

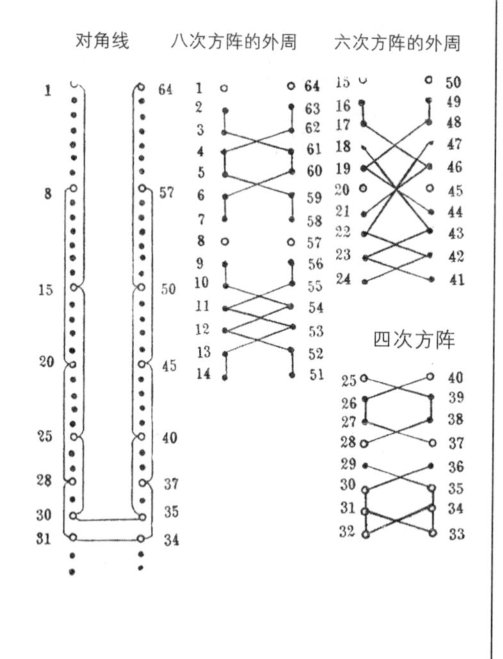

图 10 的造法

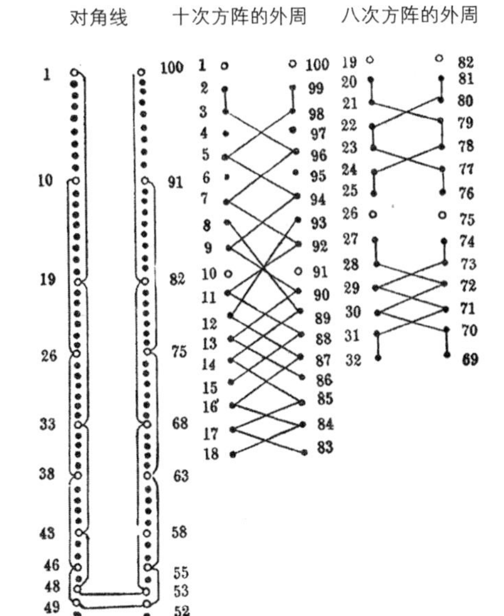

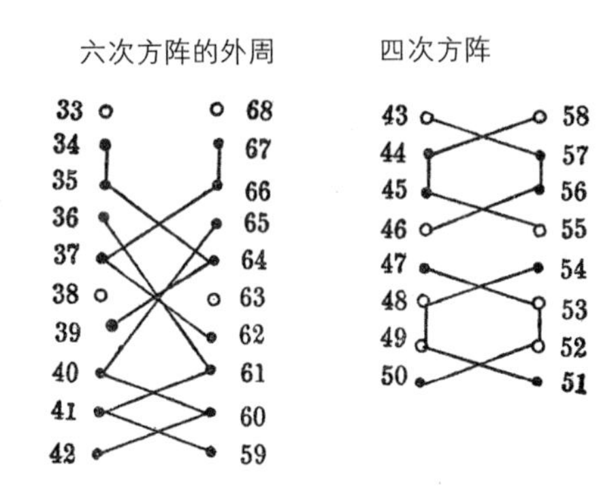

7	61	43
73	37	1
31	13	67

A

103	79	37
7	73	139
109	67	59

B

83	29	101
89	71	53
41	113	59

C

1669	199	1249
619	1039	1459
829	1879	409

D

图 A，图 B 各为质数幻方，而 A 有一篮只有一个梅子，B 有一篮只有七个梅子，图中各篮子中梅子的数目，至少在 20 以上，所以 A 与 B 都不适用。

图 C 也是质数幻方，其数在 29 与 113 之间，如果篮子装假底，那么 C 颇合于图，而装假底以表示其货物充足，是水果商的惯用伎俩。

或者说，这个质数幻方的九数，一定不能是等差的相连九数，剩下的不知可以根据什么理由，可以得到一质数幻方图 D，各质数的公差为 210。

173. 九篮梅子

由题意可知，各篮子内梅子的数一定是 1 和质数，因此幻方也一定是质数幻方。

174. 合数幻方

想要求九个连续的合数，一定先求两相近的质数，而它们的差至少是 10，然后可得，如果从 1 起后记下各质数，得两个相邻的质数 113，127，其差大于10，所以其间九合数114，115，116，117，118，119，120，121，122，所组成的幻方，其值为最少而适合本题的条件。

121	114	119
116	118	121
117	122	115

175. T形幻方

2与25之间九质数中，2与3都可不排在T内，下图为不排2在T内的幻方

19	23	11	5	7
1	10	17	24	13
22	14	3	6	20
8	16	25	12	4
15	2	9	18	21

176. 纸牌幻方

如果去三张A及一张10，排列其余的，那么就成如图的四个幻方，各方所加的值不同，一为15，一为9，一为18，一为27，而与题中的条件，相符合。

816	324	657	9	8	10
357	432	765	10	9	8
492	243	576	8	10	9

177. 二度幻方

下图为其余所排的二度幻方，每行八个数字相加的常数为260，各平方相加的常数为11180，而解此题的关键，这几乎成了一个定律。定律说，如果有八个数相加是260，各平方之和为11180，那么各数字对于65的余数的八数相加，也是260，且各平方之和也为11180，例1，18，23，26，31，48，56，57八个数的和为260，各平方之和为11180，那么各数对于65的余数64，47，42，39，34，17，9，8，相加也得260，各平方相加也为11180。

7	53	41	27	2	52	48	30
12	58	38	24	13	63	35	17
51	1	29	47	54	8	28	42
64	14	18	36	57	11	23	37
25	43	55	5	32	46	50	4
22	40	60	10	19	33	61	15
45	31	3	49	44	26	6	56
34	20	16	62	39	21	9	59

看上图各小方格内对角线上的两个数的和都为65，可见有四直列与其他直行的数互为余数。

178. 斯奇幻方

略 。

179. 新幻方

符合这道题的条件的有下列两图，左为减幻方，右为除幻方，减幻方的常数为 8，除幻方的常数为 9.

11	4	14	13
16	7	1	2
6	5	3	12
9	10	8	15

减幻方

11	4	14	13
16	7	1	2
6	5	3	12
9	10	8	15

除幻方

180. 至 185. 答案略

186. 数字奇观

每边四个数字的平方之和恒相等。$5^2+6^2+1^2+8^2=5^2+4^2+9^2+2^2=2^2+7^2+3^2+8^2=126$。

197. 奇妙的六角形

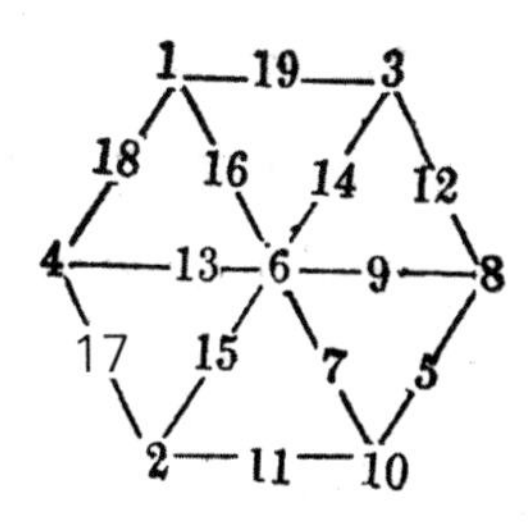

如图所示，那么每条线上的 3 个数之和都为 23。

188. 魔性线束

此类线束的造法，是由幻方改造而成，例如前图，是用四次幻方各数，写在 16 线上，这样一来 A，B，C，D，A'，B'，C'，D'，O，M 10 条线上 4 数的和，都为 34。

n>4 时，可以类推。

15	10	3	6
4	5	16	9
14	11	2	7
1	8	13	12

191. 八犯被赦

如果已得一种解法，如图 1 所示，然后将图旋转 90 度，就得到第二个幻方。如此可得 4 个幻方，并且各依照其对称的方向排列又得 4 个幻方，共得 8 种解法。其中符合这道题的条件的，只有 4 种，而方法最简单的又只有 2 种，也就是图 1，图 2。图 1 的罪犯按照 5，3，2，5，7，6，4，1，5，7，6，4，1，6，4，8，3，2，7 次序移动。

5		7
6	4	2
1	8	3

图 1

7	2	3
	4	8
5	6	1

图 2

图 2 则按照 4，1，2，4，1，6，

7，1，5，8，1，5，6，7，5，6，4，2，7 的次序移动，其次数各为 19，而两者中只有图 2 中 3 号的罪犯始终没动，故 3 号的罪犯，是一个固执说不通的人。

192. 武士游行

下图为其余所排类似的形状，各直列横行上各格内八数的和都为 260，两条对角线上的和，一为 256，一为 264，上下相差为 4，虽然这不能算是完全幻方，但类似图形中也有称得上最美的，我相信能证明这道题有解或无解的人，并不存在。

46	55	44	19	58	9	22	7
43	18	47	56	21	6	59	10
54	45	20	41	12	57	8	23
17	42	53	48	5	24	11	60
52	3	32	13	40	61	34	25
31	16	49	4	33	28	37	62
2	51	14	29	64	39	26	35
15	30	1	50	27	36	63	38

193. 九犯被赦

最简单的方法必须 16 次动作，如果两人一对，按照这个方法繁简一定时，那么中心的 5 与在任一角落的相连接合动作最少，如下表：

5 骑 1 肩上时，按照 6，9，8，6，4，(5+1)，2，4，9，3，4，9，(5+1)，7，6，1 次序行动；

5 骑 7 肩上时，按照 4，(5+7)，8，4，6，3，2，6，3，9，4，3，(5+7)，1，6，7 次序行动；

5 骑 9 肩上时，按照 4，1，2，4，6，(5+9)，8，6，1，7，6，1，(5+9)，3，4，9 次序行动；

5 骑 3 肩上时，按照 6，(5+3)，2，6，4，7，8，4，7，1，6，7，(5+3)，9，4，3 次序行动。

2	9	4
7	5	3
6	1	8

图 A

6	7	2
1	5	9
8	3	4

图 B

第一与第三种方法的结果如图 A，第二与第四种方法如图 B，动作数各为 16，所以都是解诀的方法。

194. 西班牙黑牢

绝妙的解法，莫不如先求一图，具有幻方的性质的，由于方位的关系，还可得七图，然后由原图依次动作使成各幻方，选择最简单的方法，定为本题的解决方法。

下图中 4，8，13，14 四名罪犯都不曾离开房间，成为幻方的方法极为简单，达成这个图的动作仅有 37 步，各犯按照 15，14，10，6，7，3，2，7，6，11，3，2，7，6，11，10，14，3，2，11，10，9，5，1，6，10，9，5，l，6，10，9，5，2，12，15，3 次序移动，读者将有将其称为神法的，我预料大家所试的方法，其动作多至 100 或 60 的，不是一次就能实现最优的。

10	9	7	4
6	5	11	8
1	2	12	15
13	14		3

195. 西伯利亚黑牢

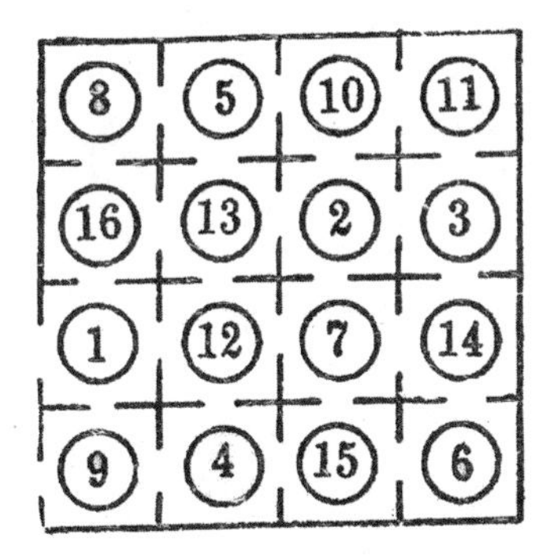

当尝试解决这道题时，一定先画若干图，都具有幻方的性质，然后一一检验，以求最简单的方法，其中某图某犯或数犯不曾移动一步，似乎能省去若干动作，而事实上，不动的罪犯，往往成为其他罪犯进行时的障碍，如果 6，7，13，14，四犯不动，而求解法，显然不可能，因为 14，15 两名罪犯除了破坏规则外，不可能有其他的移动方法。现只有捧先生发明的方法，可例外看，只需 14 步，顺序如下：8 — 17，16 — 21，6 — 16，14 — 8，5 — 18，4 — 14，3 — 24，11 — 20，10 — 19，2 — 23，13 — 22，12 — 6，1 — 5，9 — 13，这个方法可以说是最好的方法，估计读者也有同感。

196. 奇异的 8

这道题的条件有 3 个：一，8 字的位置如下图；二，各格内数不同；三，各直列、横行及对角线上的数字之和都为 15，且数不是仅限于整数，分数也无不可，所以如下图就能满足这三个条件。

$4\frac{1}{2}$	8	$2\frac{1}{2}$
3	5	7
$7\frac{1}{2}$	2	$5\frac{1}{2}$

197. 不可思议的正方形

甲图中左上格中去 2 数字，右上格中去 3、5 两数字，左下格中去 7、9 两数字，右下格中去6数字，共去六个数字，成乙图，从反面看乙图，成丙图，那么纵横的和各为82。

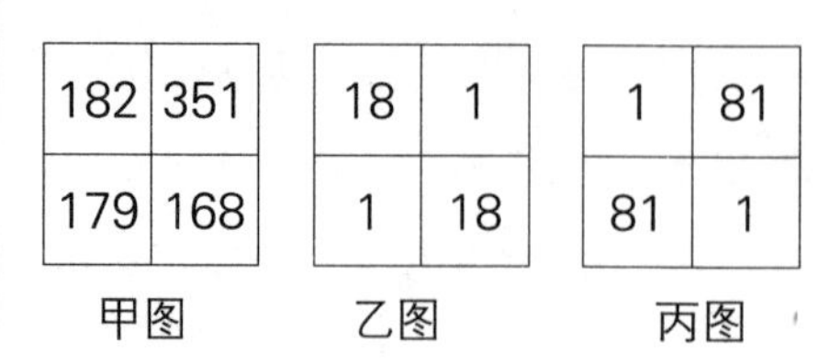

182	351
179	168

甲图

18	1
1	18

乙图

1	81
81	1

丙图

198. 英币排成幻方

按照下图排列，那么每行每列及每条对角线上的和，均为11s4d。

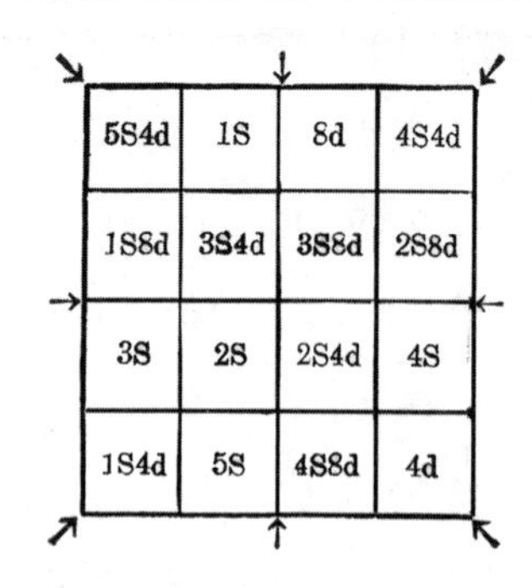

5S4d	1S	8d	4S4d
1S8d	3S4d	3S8d	2S8d
3S	2S	2S4d	4S
1S4d	5S	4S8d	4d

199. 排兵成阵

排列的方法如下:

3人　1人　2人

1人　2人　3人

2人　3人　1人